谨以此书献给养育我的父母和故乡！

杭悦宇 — 著　出 离 — 绘

悦读草木
岁时姑苏

江苏凤凰科学技术出版社 · 南京

图书在版编目（CIP）数据

悦读草木　岁时姑苏 / 杭悦宇著；出离绘. — 南京：江苏凤凰科学技术出版社，2023.7（2024.1重印）

ISBN 978-7-5713-3306-5

Ⅰ. ①悦… Ⅱ. ①杭… ②出… Ⅲ. ①植物－中国－图集 Ⅳ. ①Q948.52-64

中国版本图书馆CIP数据核字（2022）第219686号

悦读草木　岁时姑苏

著　　者　杭悦宇
绘　　者　出　离
项目策划　姚　远
责任编辑　傅　梅
责任设计编辑　蒋佳佳
责任校对　仲　敏
责任监制　刘　钧
出版发行　江苏凤凰科学技术出版社
出版社地址　南京市湖南路1号A楼17-18层，邮编：210009
出版社网址　http://www.pspress.cn
编读信箱　skqsfs@163.com
印　　刷　南京新洲印刷有限公司
开　　本　787 mm×1092 mm　1/16
印　　张　25.5
插　　页　4
版　　次　2023年7月第1版
印　　次　2024年1月第2次印刷
标准书号　ISBN 978-7-5713-3306-5
定　　价　158.00元

写在前面的话

2016年6月1日，我尝试着创办了公众号"草木悠家"。为啥起这名字？草木，是我无比热爱也为之奋斗了一辈子的对象；悠者，从容淡泊。草木悠家，即用草木来提升家的品位，用草木来修炼居家人的心性。

创号一周年时，我说："无用之事多静好。"很多朋友不理解，问：单枪匹马地定期写作，劳心劳神，不是工作成果，何用？我心长存的是，生活常艰辛，工作多迷茫，不做无用之事，何遣有涯之生。庄子曰："无用之用，方为大用。"世间有味之事，多是无用的，如吟无用之诗，赏无用之花，读无用之书，却因此而活得有滋有味。古人有九大雅事，焚香、品茗、听雨、赏雪、候月、酌酒、莳花、寻幽、抚琴，皆为无用之事。于今，一朵花会带来万紫千红意象，一段藤亦可沁人心脾，所以，感悟花开、叶展、果落，皆是生命中的有用。

创号两周年时，我念："一起轻点新芽，细数落花的日子。"植物生命，有行为、有感觉，与人的互动乃是天地间最纯洁美好的事。而人和植物在一起，没有焦虑、紧张、防备，一盏清茶，一丛草木，让每一天成为期待。用心灵品读自然，用细腻的感情拂去红尘里的繁杂和伤痕，在花香和叶绿中一笑如禅。所以，倚柳题笺，当花侧襟，赏心当比观样好。

2023年，创号七周年时，我在想什么呢？

张爱玲说："因为懂得，所以慈悲。"爱花喜草的人很多，但真正懂的人也许寥寥无几。懂，不仅识种，不仅辨形，更是那细语寄枝、幽梦描叶，最终，如同徐志摩所言："我懂你，像懂自己一样深刻。"出生在苏州的我，小时候所住的花园洋房里有扇北窗开向后院，摇曳的苦楝紫花、枫杨翅果下，粉丁香吟诗、金盏花颂词，萱草碎碎读着你听不懂的句子，鸢尾扭扭演绎着他听不见的舞曲。那时候写了很多诗、很多词，不过是浮了青草，掠了绿树；后来的读懂，即是诗见花粉轻扬，词主春芽静生，句子中闻得到花开花落，舞曲里看得见果青果黄。

阖闾古城，小桥、流水、过街楼、沿河人家，厅轩、船坞、飞檐亭、湖石假山，这些独特的结构建筑还原了闲适富庶的江南风情。然而，如果没有苏州情调的植物，这些建筑也就是失了血肉的骨骼。拙政园的文徵明手植古紫藤，千百年来伸枝散叶，紫花遮半天。"紫雪半庭长不白，闲抛簪组对清吟"。艺圃宅门后夹弄，可见蔷薇花数藤，青枝绛花、凌空弥香。"浓似猩猩初染素，轻如燕燕欲凌空。可怜细丽难胜日，照得深红作浅红”。拙政园不知谁植的一黄一白、一方一圆两架百年木香藤，伴随着软糯悠扬的评弹声散逸出沁脾芳香，更是将诗意风情演绎得淋漓尽致。

转过黑瓦白墙的藕园外沿，柳丝青绿、桃花迷离的河浜驳岸，护围着城市中心的纵横水网，也画出了一条烟水春秋的平江路。络石附砖、紫堇踏壁，让人忆起母亲少年时代，在平江河支流沿岸小石子街故居平和而艰辛的生活。西起虎丘西山庙桥，东至渡僧桥的七里山塘街，相伴的则是白兰花、玳玳花、茉莉花、珠珠花。曾几何时，载满鲜花的小船一只连一只，不断从虎丘出发，在山塘河里排成一条长龙，篱篱清香、橹橹芬芳，驶向茶叶行，有时船队会将因时间耽搁而全部绽放的大筐大筐窨茶花，倾翻在清凌的山塘河里，洁白漂满水面，沿河人家用竹篮打捞，河面、岸地、家中、床上，花天花地，这样的场景刻画在父亲的回忆录《山塘河的记忆》中，山塘河星桥下塘有着他的故居。

苏州城中最著名的一条街叫观前街，旧称察院场，西头的斜对面有条小街叫“马医科”。我家在垂直于马医科的神道街，因为是1号，所以前院的门开在马医科。原长305米的小街，名人故居不少，有清末著名文学家、朴学大师俞樾的故居“曲园”，有庞氏居思义庄“绣园”，还有清道员洪鹭汀的“鹤园”。垂直于马医科的庆元坊内还有个“听枫园”，是清朝时苏州知府吴云的家宅，也是我上的托儿所所在地。即便是巷里的寻常人家，马医科的院里园外也有看点，比如10号里的柿树、21号（在土丘上）里的红花石蒜、39号里的木绣球。如今马医科还在，但路、建筑、人变化了许多。每次走在夜色里，想念家乡旧街春天含笑态嫣然、秋天桂花影婆娑、冬天蜡梅色浑浅，想念生活了十九年的老房子，和那隔着一墙的绕街和声。

曾经期待岁月永远如紫藤般诗意，却常常注定地停留在未必最美的瞬间，我的创作亦是如此。一年又一年，沉浮于花草，流连在文字的蔓枝盘藤间。没承想，一辈子的文学情，寻它很多年，终了，牵念于“草木悠家”。有了很多的铺垫和沟通，感谢江苏凤凰科学技术出版社，让我公众号中的这48篇文章贯序节气，浸润故乡情，终得成书。这个过程充满了亲情友谊，倾注了许多人的辛勤和努力，无尽谢意。

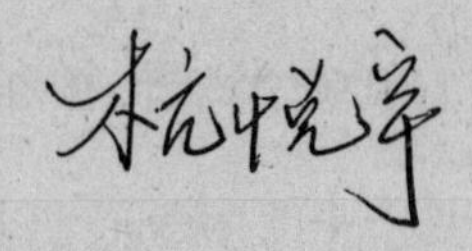

序一

有一种馨香，来自大地的芬芳；有一种情感，来自对故乡的怀念；有一种轮回，来自四季的迁转；有一种快感，充满了知识的渴望：悦读草木·岁时姑苏。

这是一本书，叙说一座城，内含一个“读”，万物生机，极显于蓊郁，时序景候，藏密于怀抱；这是作者的“悦”，也是读者的“悦”，更是人与自然共生共荣的大喜悦。因为这里有自然、有生活、有记忆、有生命，是自然中流动的生命，是生命中感知自然的欢欣。

认知自然，悦读草木，有专家之“学”，有鉴赏之“艺”，在这学与艺之间，融织了作者提供给读者的几大元素：

一曰知识。孔子论《诗》，以为“可以兴，可以观，可以群，可以怨”，还可以“多识于鸟兽草木之名”（《论语·阳货》）。所谓“名”，就是草木的知识体系，有实用，有鉴赏。这也是该书作者写美文的特色。

二曰地域。刘勰论《离骚》之“嵯峨之类聚，葳蕤之群积”，以为“屈平所以能洞监风骚之情者，抑亦江山之助乎”（《文心雕龙·物色》），地域情思，于兹可窥。读该书中的草木品种，或食用，或观赏，姑苏名城的历史与现实尽见于中。

三曰景候。一年四季，二十四节气，是大自然的节点，又融织着人生的感受，晋人湛方生所言“眄秋林而情悲，游春泽而心恧”（《怀春赋》），自然的季节与人生的心态，有着天然旋律的合拍与共振。而该书以二十四节气构篇，赏风物，品时新，既快然于口腹之实惠，又徐然开玄览之胜意，堪称实用知识的审美化。

四曰诗意。这不仅在于该书引用了大量诗赋作品中的草木，更在于体现了作者寄诗意情怀于自然芳卉之间。《世说新语·赏誉》记有晋人孙绰、庾亮、卫永同游白石山，孙绰批评卫永“此子神情都不关山水”。“神情”与“山水”，就是人生对自然的态度。也因此，李白有“相看两不厌，只有敬亭山”（《独坐敬亭山》）的痴迷，辛弃疾有“我见青山多妩媚，料青山见我应如是”（《贺新郎·甚矣吾衰矣》）的互通。寄情自然，才能悦读草木。

悦读草木，要在人与自然。如何交集，又在两端。一是心与物在情感上的亲和，这是我国艺术家观物取象的根本心境。《易·系辞传》谓“圣人立象以尽意，设卦以尽情伪”，其法则在“观物取象”。王羲之《兰亭集序》慨叹“仰观宇宙之大，俯察品类之盛，所以游目骋怀，足以极视听之娱，信可乐也”，正是出于山水媚道的情怀得到其审美愉悦。二是心与物在义理上的契合，这是我国艺术家“兴象”的哲学精神。张彦远论绘画“凝神遐想，妙悟自然，物我两忘，离形去智”（《历代名画记》），苏东坡论诗画“与可画竹时，见竹不见人……其身与竹化，无穷出清新”（《书晁补之所藏与可画竹》），乃此精神的融织。

南京清凉山东麓有“崇正书院”，我应邀题门联：“崇丘万物儒为道，正气千秋乐即诗。”钱穆说过，中国文化的最高境界是“天人合一”，我所说的“儒为道”本此意。因为儒、道的人与自然观有同有异，异者在儒家将自然道德化，如《周易》谓“天行健，君子以自强不息；地势坤，君子以厚德载物”；道家将人生自然化，《老子》云“人法地，地法天，天法道，道法自然”。兼有自然中的道德情怀，人生中的自然趣味，“悦”之为义大矣哉！

许结

南京大学文学院教授、博士研究生导师，南京大学辞赋研究所所长
中国赋学会会长，江苏省古代文学学会会长

序二

植物之于不同的历史文化背景所扮演的不同角色，很多时候是一个既遥远又触手可及的命题。遥远在于对大部分人而言，一生中并没有太多机会能对相关知识进行系统地学习；触手可及则是因为它其实一直存在于生活的各个细节中，与日常的风土人情、饮食起居有着千丝万缕的联系，飞花片叶足以成为见微知著的切入点。

这本由杭悦宇女士所著、出离女士所绘的《悦读草木 岁时姑苏》，恰可以说是吴地植物文化的绝佳代言。我与作者此前并不熟悉，但却被她笔下所描绘的这个草木世界深深吸引，读来大有时光倒回、漫步于昔年姑苏街头之感，掩卷回味，更会产生一种神思，向往着能真正到她提到的那些地方走一走，看一看。

时代正在飞速发展，许多曾经随处可见的自然景观与相关的风土人情早已一去不返，只有通过当年那些亲历者的见闻与回忆，心口相传，才能为后来人们所识得并记住。在此，植物作为一种重要的文化载体存在，而杭女士更以身为一名资深科研学者的专业积累，与她那在苏州城与花木相伴的旧时记忆之间架起桥梁，令我们在体会过去之美的同时，也感受到一种继往开来的科学精神，这在同类作者中实属难能可贵。

本书的绘者出离，是在植物科学绘画领域潜心耕耘、日益精进的青年翘楚，这一次她所提供的插画更为随性、鲜活、富有烟火气息，与那些带有画面感的文字可谓相得益彰。相信读者们打开书页后，必能为这诗情画意的呈现所打动，从而深深领略到这一方水土、一方草木、一方真情的可贵。

借此，也希望它能唤起大家对"人与自然和谐相处"这一命题的更多思考，让大家沿着这至真至美的书籍阶梯，通往更加光明的未来。

管开云

中国科学院昆明植物研究所教授级高级工程师

目录

立春

世味几时回

年初一如正好在苏州老家，要喝“元宝茶”的，有时去茶室，有时在家里。所谓“元宝茶”，就是泡茶时放入“元宝”青橄榄（橄榄*Canarium album*）。青橄榄泡茶前多用盐水泡洗，放在透明的玻璃杯里，茶叶沉浮，橄榄甘涩，象征着一年的丰润和辛苦。年初一在虎丘冷香阁吃元宝茶，是老苏州的传统，那里可闻绿梅（*Prunus mume*）萼香，看玉兰（*Yulania denudata*）芽青；如去艺圃吃元宝茶，可观蔷薇（*Rosa multiflora*）藤褐，赏薜荔（*Ficus pumila*）枝绿；如去苏州公园吃元宝茶，亦看焦荷（莲，*Nelumbo nucifera*）叶影，听新桐（梧桐，*Firmiana simplex*）芽裂；如去拙政园吃元宝茶，则念紫萝（紫藤，*Wisteria sinensis*）花碎，忆木香（*Rosa banksiae*）瓣重；若是在家里吃元宝茶，就随意多了。老底子的上海，常有小贩沿街叫卖檀香橄榄，其实就是新鲜橄榄，并没有什么檀香元素，但其后人们就把一切有回味的事物比喻为嚼檀香橄榄。

常言道“橄榄好吃回味甜”，正如南宋著名诗人、书法家王之望《食橄榄有感》写的那样：“余初食橄榄，眉蹙口欲吐。稍稍滋味之，久乃见媚抚。”新鲜橄榄也就是青橄榄，若直接吃，酸涩难堪，苦甜犹问天，要忍受并等到并不明显的回甜味，估计大多数人不想享受这个过程。故而，新鲜橄榄多半做了药，治疗咽喉肿痛、咳嗽痰血之症，或者加工成蜜饯。泡了茶的青橄榄，并没有明显改变茶水的味道，只一缕似有似无的清香，在口腔、喉头周旋，可谓“著人似醉菖蒲酒，有味如尝橄榄茶”。回味好的橄榄品种，可如苏东坡的《橄榄》那样：“纷纷青子落红盐，正味森森苦且严。待得微甘回齿颊，已输崖蜜十分甜。”那发端于唇齿的滋味，在口舌处搅得风生水起，却在心头落得百转千回。

青橄榄

做了蜜饯的橄榄，似乎比青橄榄入世要广泛得多，有点家喻户晓的意思。福建有漆黑多汁的拷扁橄榄，广东有澄黄碎粉的甘草橄榄，苏州有霜渍干口的盐津橄榄，还有沉香橄榄、奶油橄榄、清香橄榄、九制橄榄、咸橄榄等，常常也做吃早茶、午茶的茶食，更是晚上看电视剧的好零食。当然，做这些蜜饯的原料，亦可能有和橄榄同属的乌榄（*C. pimela*）。小时候常吃一种三结橄榄，那时的苏州几乎食品店都有卖，清香口味亦有，甘草口味亦可，都是用长条的两层包装纸顺序包3只橄榄，每个橄榄间的包装纸转一圈，就将3只橄榄分隔开了，最后包装纸两头会合，扭转打结，做成一个类似三角环状的橄榄环。如今家乡的采芝斋、叶受和、稻香村之类的店，橄榄品种依旧多，味道依旧好，可三结橄榄再也没有见到了。

橄榄，自然是橄榄树结的果实，橄榄树的学名就是橄榄，野生分布于我国福建、台湾、广东、广西、云南和越南中北部的沟谷和山坡杂木林中，故而橄榄制品也多集中在那些地方，苏州的橄榄，原料其实也是那些地方的，只不过加工技法独特罢了。橄榄树是乔木，雌雄异株，雄花序聚伞圆锥状，雌花序一长条，然后结橄榄。“荔子如丹橄榄青，红蕉叶落古榕清”。成熟的橄榄果黄绿色，因而基本上是青兮兮的，绝不是想象中的未成熟的呈青色而成熟的呈黑色或褐色。但另一种亦可食的乌榄，它的成熟果确实是紫黑色的。

“橄榄”一名源自古侗台语，汉译名“橄榄”首载《开宝本草》，故从汉语角度理解字面无义。别名青果（《宛陵集》）、青子（《东坡诗集》）、忠果（《记事珠》）、谏果（《齐东野语》）、青橄榄（《海槎余录》、白榄（《广东新语》）、甘榄（《陆川本草》）等，青果之意出自《本草纲目》，称：“此果虽熟，其色亦青，故俗呼青果。”忠果、谏果之意出自王禹偁诗作《橄榄》：“我今何所喻，喻彼忠臣词。直道逆君耳，斥逐投天涯。世乱思其言，噬脐焉能追。”百越人（先秦古籍对南方沿海一带诸族的泛称）可能是首先学会栽培利用橄榄的，而且除了食用，唐宋时广西一带的少数民族还利用橄榄树脂和树皮、树叶做黏着物和香料的技术，称“橄糖”“橄香”。《岭表录异》记载：野生者“一夕子皆自落，木无损，其枝节间有脂膏如桃胶，南人采取和皮叶煎汁熬如黑锡，谓之橄糖，用泥船隙，牢如胶漆，着水益干也。”

“杭州梅舌酸复甜，有笋名曰虎爪尖。芼以苏州小橄榄，可敌北方冬菘腌。”感觉好像橄榄还能做菜似的，确实，橄榄做菜，多用来炖汤或剁碎了蒸鱼，不过生渍橄榄、南姜橄榄（原为潮汕小吃，现多拓展，将橄榄捣碎，调入盐、姜末、香菜、糖、

橄榄树

红绿鲜辣椒、醋、芝麻花生碎等）也可作开味小菜。如今走进菜馆，哪怕是苏帮菜、淮扬菜馆，甚至西餐，都可能看到冠以“榄菜”的菜肴，像榄菜四季豆（有的还加肉末）、榄菜豆腐、榄菜炒饭、榄菜培根意面什么的。这个榄菜又叫橄榄菜，是广东潮汕地区的风味食品，不过这个菜并不是橄榄的叶、芽、果肉，而就是普通的芥菜，也就是江南人家小雪节气家家腌咸菜的芥菜，只是里面放了几只橄榄。橄榄菜乌黑亮泽、滑润爽口，其制作工艺据说可追溯至宋朝。

压枝橄榄浑如画，属于橄榄的雅事很多。古人烹茶，喜用红泥炭炉，这个炉子的最佳拍档是“橄榄核炭”，即将橄榄核放入窑中烧制成的炭，这种橄榄必须是乌榄。橄榄核炭烧起来火力均匀，火苗微蓝、无烟、清香，以之烧出的水，有一种淡淡的榄香味，涤人心扉。另一件雅事是橄榄色青，经冬不凋，入沸水中色淡碧，因而成为宋元士人青睐的审美对象，青果、青肤、翠颗、青子、翠粉等，都是当时人们对橄榄青色的别称。再有，橄榄核是传统的雕刻材料，和其他常用的桃核、杏核一起，成为工艺品之奇葩。苏州有很多雕刻厂，吴中还有核雕村舟山村，所以，苏州核雕一向是十分出名的。

说到橄榄，就联想起原产于小亚细亚的油橄榄（植物名木樨榄*Olea europaea*），一种和橄榄名相近、实相远的植物；也会牵出和油橄榄相关的橄榄油、和平枝、奥运会、西餐等；更会记起我工作所在的中山植物园，自1959年开始，在国内率先引种、驯化、研究油橄榄。如今，长江以南很多地区栽培，然，不识者众多，与橄榄相混者甚广。

春早遍拾琼屑

寻春须是先春早，看花莫待花枝老。柳风二月，地里的各种绿慢慢铺展，星星点点的白色小花已然夹杂其间，细碎繁多，仿佛是万紫千红的前奏。如作分辨，苏州能见到的早春小白花植物，无外乎繁缕（*Stellaria media*）、荠（*Capsella bursa-pastoris*）、菥蓂（*Thlaspi arvense*）、鼠耳芥（*Arabidopsis halleri*）、碎米荠（*Cardamine hirsuta*）、球序卷耳（*Cerastium glomeratum*）、点地梅（*Androsace umbellata*）等几种，其中，十字花科植物居多，如荠、菥蓂、拟南芥、碎米荠。这几种十字花科植物的花十分相似，花瓣4个，十字形，角果则是各有特色的。荠是三角形短果，菥蓂是团扇状扁果，拟南芥、碎米荠是细棍状长果，多姿百态，玲珑可爱。

人人皆知的荠，被苏州人叫作“邪菜”，“邪菜初生，惟梅是蕾”。原是山野田垄佳物，食用季始于冬日，可见“寒荠绕墙甘如饴”，于是有了汉代董仲舒“荠以冬美”的点赞。春节餐桌上，荠菜炒冬笋、荠菜羹、荠菜馅春卷在大鱼大肉中，充当着江南年餐醒人、涤肠胃的角色，故而荠又名“净肠草”。古人流传至今的“东坡羹”“翡翠羹”，其主料也均为荠。

《尔雅翼》言：“荠之为菜最甘。”立春时节，荠菜开出小白花，待到春分，吃口已老；再待到农历三月三丽人节，荠菜早是“一薹抽离四寸坪，满茎摇曳三角铃”，一束束白色花茎不仅成了踏青丽人的头饰，也成了时令养生的佳品。其时，很多地方的人会将长长的挂满果实的荠菜花葶和带壳鸡蛋同煮，青青的草汁染绿了汤水、渗透了蛋白，品尝清香的同时，也实践着“食后一年不头晕”的传说。

老了的荠菜，将其焯水烫熟、剁碎、和肉，做成包子馅、饺子馅、馄饨馅，也很美味。苏州人爱吃荠菜馅馄饨，馅里要加剁碎的开洋（干虾米）、少许榨菜，调一些酱油、麻油、白糖，馄饨汤常常是酱油红汤。小巧玲珑的翘角馄饨数着个下，一人量下一锅装一碗，撒上青蒜叶，口味重的汤里再加醋、胡椒粉或少许平望辣油。

春天渐进，一种繁殖力旺盛、铺地枝成缕的植物，鲜嫩的枝头也陆陆续续开出星状小白花，蓬蓬勃勃持续一个季节；花落之日数不清的种子，成为小鸟们极喜爱的食物。这便是繁缕，《尔雅·释草》谓之蔜，《名医别录》谓之蘩蒌，《千金食治》谓之滋草，《图经本草》谓之鸡肠草，《本草纲目》谓之鹅肠菜，苏颂曰：“其茎梗作蔓，断之有丝缕，又细而中空似鸡肠，因得此名也。”古诗云：“为乐当及时，焉能待来滋。”意即繁缕易于滋长。小小的野草也有花语，居然是“恩惠”的意思，恩惠及人，恩惠及鸟，恩惠及春的大地。

繁缕嫩叶带给人们的，是难得的早春清食，诚如晚年归隐茅山的南朝陶弘景所记，“蘩蒌，人以作羹”。柔嫩鲜美的茎叶，适合做羹、面糊和汤，皆是人间绝味。繁缕

菥蓂

儿子小时候，常绕在脚边要买小鸡、小鸭，校园里满世界的繁缕，就成了它们的正餐，每天采来一大把，切切碎就可喂食

味淡，但心形叶片嫩润可爱、青色招摇，想来，若做点心添色之用必出彩，替代香菜、罗勒、薄荷、百里香等作为菜品配料点缀或蘸酱生食也应该是合适的。

曾有一部电视剧，满屏淡然蓝白色调，雅致养眼画面让人醉心，当拯救男主角所染的致命火寒毒的“冰续草”一出现，我的职业本能直接提示我：瓶子里的，明明是一株再普通不过的碎米荠。碎米荠，这个属江苏种类不多，除了碎米荠，还可见水田碎米荠（*C. lyrata*）、弯曲碎米荠（*C. flexuosa*）、弹裂碎米荠（*C. impatiens*）及宜兴特有的白花碎米荠（*C. leucantha*）。嫩苗既出，各种碎米荠的白色小花转眼就开遍田园山坡，真像是撒了一把把的碎米。弹裂碎米荠的果实十分有趣，一旦成熟便一下子崩开向外散播种子，十分贴切于其花语“热情”。碎米荠俗称野荠菜，食用方法同荠菜，曾经是为饥民而生的大自然的馈赠，如今在一些少数民族地区还有用作火锅菜的，香满餐桌一个春天。

在早春的野地里转悠，不时可见菥蓂，多不过二三株一丛，风中摇曳。《尔雅》有录，《神农本草经》始名，名曰“大荠”，《救荒本草》则给了它一个文学味的名字“遏蓝菜”，只可惜寓意不明。汉代科学家、文学家张衡曾创作一篇赞美南阳的《南都赋》，其中“若其园圃，则有蓼蕺蘘荷，薯蔗姜蟠，菥蓂芋瓜。乃有樱梅山柿，侯桃梨栗。梬枣若留，穰橙邓橘。其香草则有薜荔蕙若，薇芜荪苌。晻暧蓊蔚，含芬吐芳”，寄托了作者对家乡树木稼植的真情挚爱。其中提到的菥蓂，嫩苗用水浸去酸辣味，再开水焯一下，加油盐调食，于往日是荒年饥粮，于今时则是轻食清供。

开小白花的早春植物中，还有鼠耳芥，其实人们更多了解的，是其如雷贯耳的另一个名字——拟南芥，生物学研究中重要的模式植物。“鼠耳”形果肖籽，均无解，

“拟南芥”好歹意为形态似南芥属（*Arabis*）植物。城墙外护城湖边的草丛里，拟南芥叶形几乎与荠一样，开花不久便结果，但凭角果的长短之异一眼便可分别。鼠耳芥也好，拟南芥亦罢，都是近代起的名字，古人恐难分这些形态高度相似的开小白花的植物种类。于是南宋著名的理学家、诗人朱熹在《次刘秀野蔬食十三诗韵·南芥》中写道：“黄龙记昔游，园客有佳遗。不谓洛生吟，辍餐时拥鼻。”赞美的也许不仅仅是南芥。

春的脚步渐行渐远，小白花落了，或者逐渐淹没在桃红海棠粉、玫紫蔷薇黄中，这只是到了生命繁衍生息的终期，它们洗尽尘浊，坐看云起。“酒旗犹写天台红，小白花繁绿刺丛。蜂蝶不来春意静，日斜桐角奏东风”。世事总各色，赢得了风清，未必拥有月明；占尽花好，也许失去树美。早春就梦醒的小白花草，宛如穿林淅沥飞舞的琼屑，点缀在霜芽寒叶中，灿若银星。

雨水

梢头春上二分

如同盛春的花、仲夏的叶、晚秋的果一样，早春的芽也是一道风景。有的绿，那种生青生青的绿，稚童般清纯而懵懂，比如柳树的芽、桑树的芽；有的红，那种通赤通赤的红，婴儿般原生而喷薄，比如山麻秆的芽、香椿的芽。有些芽会等花儿先开，仿佛灿烂后的沉思，狂欢后的自醒，比如白玉兰的芽、紫荆的芽。故乡苏州，也有一种芽，却是浸透了浓浓的吴地文化的汁液。

周作人先生的《苦茶随笔》提到一种叫“黄连头”的东西：“唯黄连头则少时尝茹之，且颇喜欢吃。”黄连头可不是传说中苦彻肠胃的黄连（*Coptis chinensis*）的芽头，黄连是毛茛科草本药材，苦，根色黄；黄连头是漆树科木本植物黄连木（*Pistacia chinensis*）的芽，意即黄连般苦，木材色黄，甚至可提黄色染料，所以两者真似若有若无关联着。二月春早，黄连木灰黄绿带微红的羽状复叶初芽，软弱而丛然。举着头上绑有铁弯钩的长竹竿、提着篮子的人们，相约搜巷寻山，将一丛丛黄连木芽采摘，耐不住如此操作的缓慢，半大小子干脆爬上树，用手快速地捋。其实，不解风情的少年

二月春早，黄连木灰黄绿带微红的羽状复叶初芽，软弱而丛然。黄连木是江南的乡土树种，海拔140米以上的山林中都可以看到

并不晚，采摘固然是目的，过程或许更重要，猫了一冬的人们，急于亲近大自然，贪图那洋溢在杨柳风中的新鲜味道，在这不紧不慢中滋润脏腑、涤荡心灵。

竹篮里的黄连头，用水洗净阴干，用盐拌了，紧压在密封的甏（苏州人读bang，轻声）中，到了初夏，暗黄绿色、略有苦味的腌黄连头就可出“bang”了。这种食物只有苏州才有，就像鸡头米在无锡、宜兴、江阴、常州等相邻水乡一带，只有苏州人才有吃的习俗一样。腌黄连头是沿街叫卖的，梳盘盘头、戴燕尾绣花头巾、着蓝花布拼衫衣和青布裤、腰间束小作裙、蹬绣花鞋的阿婆，挎个小竹篮，篮子里的腌黄连头是用线几根一束扎好的，你要买时，她就用筷子夹上几扎，用纸托住，然后撒上甘草粉，你就可以尝到酸酸、咸咸、鲜鲜的美味。篮子里同时有腌金花菜（南苜蓿*Medicago polymorpha*，上海人叫草头、扬中人叫秧草、南京人叫母鸡头），和腌黄连头同样的制作方法（和扬中的咸秧草完全不是一回事），同样的食法，只是少了苦味。

我的老家前院门对面是学校，是我从幼儿园开始到小学毕业就读的地方。小学入校道两旁有荫翳遮天的青桐树，几十年后，老家从洋房变成公寓，不变的是家里的窗口一直对着这条青桐路，更不变的是青桐春绿秋黄、夏花冬芽，枝条被剪光了一次又一次，树干却增粗了一圈又一圈。上小学那时，学校门口可以看到叫卖腌黄连头的，不过没有旧书中描写的软糯悠长的叫卖声，据说那种叫卖声会将夏天叫得忽远忽近，会将空气叫得忽热忽凉。离开苏州很多年后，有次去苏州市光福镇考察，在路边看到了卖腌黄连头和金花菜的，赶紧买了一些尝尝，味道还是那个味道，只是芽材太老了。再后来，去木渎、同里、周庄、黎里古镇，渐渐也有恢复这种苏式传统腌食，只是基本上都是腌金花菜，而极少见到腌黄连头的踪影。

黄连木是江南的乡土树种，海拔140米以上的山林中都可以看到。多年前做资源本底调查的项目，曾将镇江句容宝华山北坡跑了个遍，看到了极多的野生黄连木大树，也见识了它气势恢弘的秋红，因树高叶量大，故而一树树亦黄、亦橙、亦红、亦绛，将山染作油画。黄连木雌雄异株，这并不影响采芽，芽成之始，雌树上紫红色的花就已盛开；果成熟，亦是紫红色，故而那时的整个树是红透了的。园林专家告诉我，黄连木的成型大树很难移栽成活，因而也保全了野山上相当数量的老树。广布长江以南各省区，华北及西北亦有分布的黄连木，人多识它，只不过只有苏州人，将它点木成物而已。

南宋有个苏州人叫范成大，“细数十年事，十处过中秋”，晚年定居上方山麓石湖，号“石湖居士”，著有《夏日田园杂兴十二绝》等2000余首诗词。在由广西转官四川赴任途中，他写就了风俗著作《桂海虞衡志》，此书中“黄连木”之名首次出现，“江东人取黄连木及枫木脂以为榄香，盖其类出于橄榄”。明朝《救荒本草》有“黄楝树”，《五杂俎》则记载了一种叫楷木的植物，曰“其芽香苦，可烹以代茗，亦可乾而茹之”。清代《植物名实图考》称其“黄鹂芽”，并考证认为黄鹂芽、黄楝树、楷木等均为黄连木的同物异名，“人竞采其腌食，曝以为饮，味苦回甘如橄榄，暑天可清热生津”。除了可茗可腌，《本草纲目拾遗》还记载：“春初采嫩芽，小儿生食之，取其清香可口。”

说黄连木，不得不说与其同属、亲缘关系极近的一种植物，名阿月浑子（*Pistacia vera*），野生起源于中亚、西亚山区老百姓叫其果实为“开心果”。开心果是世界四大“坚果”之一，但其实是核果，两片张开笑口的白硬壳是它的内果皮，里面可食的绿莹

黄连头

莹两片是种仁。唐朝《酉阳杂俎》曾经记载："胡榛子、阿月，生西国。"表明阿月浑子是个外来种，曾经叫胡榛子，在唐朝已经引入我国。"阿月浑子"此名源自什么？诸多解说，没有确切结论。《本草纲目拾遗》虽首次提出了"阿月浑子"的名字，但与《酉阳杂俎》一样，指向清晰但不明确。如今的新疆地区，是这个物种在我国的主要栽培地，成就了中国老百姓千家万户案头上的受宠小食。

古人将黄连芽与芹芽、椿芽、芦芽并重，乃春天的食趣、兴雅；腌了，就变成了夏天的闲淡、味清，换了一种风情。苏州的小桥流水，难掩辛劳苦涩，琶音弹词，多吟悲欢离合，就像这黄连头，品的是长味回甘，思的是余情未了。

雨频苔青染旧墙

雨水节气，是一年天水的开始，也是植物一年生机的萌动。俗话说“春雨贵如油”，说的也是这个连空气中都有新水味道的季节。其实，天气还很冷，有着早春的料峭，木的春芽还在胎里。草则大部分还没苏醒，除了爱看寒雪的诸葛菜、繁缕，一个冬天都没消停，绿意逼人。《庄子》曰：“得水土之际则为蛙蠙之衣。”蛙蠙衣意青苔，水土之际意水陆交处，或湿地，或池边，或溪旁。夜雨昼停的淅淅沥沥，苔藓等不及了，见水苔痕上阶绿，长不高、根不生、花不开。

苔藓隐花，低等植物，不开花不结果，靠孢子繁殖。但苔是苔（苔纲*Hepaticopsida*），藓是藓（藓纲*Bryopsida*），现代植物分类又从苔中将角苔（角苔纲*Anthoceropsida*）独立出来，甚至还有将地钱（地钱纲*Marchantiopsida*）从苔中分离独立，故构架明晰，才能将23000余种群分类聚。有意思的是，早期的生命都在水里，在距今约5亿年前的奥陶纪，植物开始登上陆地，从此，有了桃红柳绿，有了杏黄桐紫，有了樱粉蓼蓝。而这个演化的创世纪事件，首先是由苔类完成的，“水土之际”的“蛙竇蠙之竇衣”便成就了“水陆演化”。

王安石的“水际柴门一半开，小桥分路入青苔”，欧阳炯的“芭蕉花里刷轻红，苔藓文中晕深翠”表明，在古诗中，青苔、苔藓均是苔、藓、角苔的泛指。文人墨客点水为墨、横笔作诗，图的是“书架想遭苔藓裹，石窗应被薜萝缠”的情怀，恐从未有心去关注苔形如何，藓样哪般。

藓

那么，苔、藓、角苔究竟有什么不同呢？一般，平铺地表的叶状体为苔，茎叶分化为藓，少数苔亦如藓样，但仔细看，藓的叶片上有中轴，而苔没有。角苔和苔形态极似，唯繁殖器官孢子的孢蒴是长角状的

地钱

江南的雨水，青苔是不可或缺的，正如丁香花、雨、小巷，才能成就戴望舒的名作。去园林吃茶，听细雨敲响瓦当，望花枝窥探月门，看春苔洇满青砖，这些青砖都变得深黑，不知是雨水的浸润，还是浸润雨水的青苔的覆盖。造物主降下一抹绿色，于是苔藓无处不在，无视野不遇。故乡的家，是一个大院中的一栋日式洋房，也是当时苏州市二中的教师宿舍，木质结构的两层楼，住着6户人家。我家在二层靠东南的一个大房间，东边的落地长窗推出去，是个窄窄的阳台。水泥栏杆老旧了，一小块一小块掉

落，没多久，掉落处就会发现青苔覆满缺口，绿绒深沉，金蒴繁密。每天蹲着细细看，一块块斑驳空间就是一个个小小的世界，就算是同一种苔藓，也能成就几般风景。

外形粗壮犹如松杉类幼苗的金发藓（*Polytrichum commune*），高可达40厘米，孢蒴密被金黄色的纤毛，犹如金发流瀑；矮小而淡绿色的葫芦藓（*Funaria hygrometrica*），蒴帽兜形，具长喙，形似葫芦瓢状；灰白色或灰黄色，有时紫红色的泥炭藓（*Sphagnum palustre*）是它们中最著名的，常于山地湿润地区或沼泽中，成大面积垫状单一群落，也是生成泥炭的主要成分来源。由于该类群植物附有特有的储水细胞，故而成了苗木、花卉等长途运输最好的天然包装材料。苔亦不少种，但日常会被忽略，仿佛看不到似的。温室的花盆里、地面上，可以见到地钱（*Marchantia polymorpha*），原先为苔纲，故而有扁扁的暗绿色的叶状体，还多回二歧分叉。毫发丝粟的东西，还分了雌雄，雄的生殖托像个边有裂缝的盘子，雌的生殖托则像个缘被撕成条的雨伞，可爱而有趣。

（右）大自然中，山雨自由，青苔安然，不以客来而欢，不以鸟鸣而动，方能听见芭蕉叶展，闻见芳菲流香。真正的平静，是在心中修篱种菊，可若有青苔了，那就种青苔吧

“榛芜掩前迹，苔藓余旧痕”。完成了演衍陆生植物大千世界使命的苔藓植物，在大自然中，听不到它们叶绽的声音，看不到它们花开的欢喜，这样的无言寂寞，不知是否为了往后的前行中未知的因果？“待来竟不来，落花寂寂委青苔”。善解花想、泽惠人意的苔藓，是百花之祖、千树之始，因而就有了母亲般的宽厚和慈爱。苔藓也是唯美的，无花而丽、无香而沁，枝叶带着空灵的清凉，孢蒴张开从容的力量，只为在无尽的天涯里留下永恒的身影。

雨水后不久，漫步河边地，或是苏州东园的护城河边，或是南京的燕雀湖畔，远远望去，地上片片猩红，那是小羽藓（*Haplocladium*）红色的蒴柄，灿烂如画。有时，小河里有排列的木头桩子，小羽藓毫不顾忌，登桩而上，于是，就可以看见被装饰了红丝的一串风景，还带着倒影。“岁月空教苔藓积，芳菲长倩薜萝知”。苔生于寂水而不孤，藓长于幽地而不冷；风动身不动，雨闹心不闹，终是“雨后青苔散点墙”或者“颠倒青苔落绛英”般的意境。为一段烟渺往事，为一朵熟悉水花，也许，在静等一场沧海桑田的天地巨变。

南北朝沈约《咏青苔诗》：“缘阶已漠漠，泛水复绵绵。微根如欲断，轻丝似更联。长风隐细草，深堂没绮钱。萦郁无人赠，葳蕤徒可怜。”于案头，青苔是一幅安静的画，给烦劳的心情抚安静神；于庭院，青苔是一首优雅的诗，给平庸的生活提绿添亮；于大地，青苔却是一曲无声的交响乐，演奏静谧的古老岁月，倾诉旷远的水陆变迁；而在有机体罕至的极地苔原，苔藓唱响的则是生命的极致恢弘。

堇色无边润浅春

惊蛰到，万物动，杨柳既未暴芽，桃花依然无形，却已经是春的节奏。怒放了一冬天的三色堇（*Viola tricolor*）还在灿烂，但已敌不过在充满了清新气息的田野土丘，在初春湿润的青石板路上，仿佛一夜间梦醒而呈蓝紫粉白的冒叶窜花，堇色青青，新喜淡淡。“院子里低低飞舞的成群小白蝴蝶，从枫树干飞到了紫花地丁附近……两株紫花地丁的叶子和花朵，都在枫树树干新长的青苔上，投下了隐隐的影子”——这是获诺贝尔文学奖的《古都》中对紫花地丁的描写。紫花地丁（*V. philippica*），就是这些蓝紫粉白植物的代表，而这些植物叫堇菜。

堇菜是一大类植物的统称，现今的植物志记录中国堇菜属（*Viola*）约有95种，除了少数种类为栽培观赏，其余大部分都散落在四季，散落在野土，散落在人们眼光能及不能及的地方，成为靓丽的景色。大多数堇菜属植物的花，要么是折叠着忧郁的堇紫色，要么是与之接近的光魅水盈的深紫色，或者雅致的粉红色、淡粉色或者白色，若只看花很难分种，即便有茎长短、叶形态辅助，堇菜的分类仍然是植物分类学家最谨慎顾虑的工作之一。

堇菜属拉丁学名*Viola*，英文名violet，是英文viola的异体，源自古法语violete，紫色的意思；同时，violet也是堇菜属香堇菜（*V. odorata*）的英文名。民国时期著名的作家兼翻译家周瘦鹃先生，当年创办文学杂志《紫罗兰》，以纪念他早年英文名为Violet的女友，但真正的紫罗兰（*Matthiola incana*）是十字花科植物，且创刊号的封面上，画的那些开蓝紫色的小花，分明是堇菜属植物，可能就是香堇菜。所以，将violet翻译成紫罗兰的这个错误一直流传至今，可见周先生的影响力，也可见这本杂志的影响力。周先生是苏州人，他的故居“紫兰小筑”在凤凰街北段的王长河头，书房叫“紫罗兰庵”，案头供着“紫罗兰”神像，正如他自己感慨的：一生低首紫罗兰。有很长的一段年月，我经常会路过周先生的故居，他的后人依然住在里面，院墙外和偶尔没关严的门中，依然可见绿植森森，但不知是否还有香堇菜。

香堇菜原产欧洲、北非和西亚，花紫色或白色，与主色调是紫白蓝的堇菜属其他物种一样，只是有香气，很浓的香气。它的花朵和叶子能吃，能提芳香油用于调香水、甜酒，还能制法国著名的香堇菜糖浆。《救荒本草》记载堇菜为“堇堇菜”，可食，古时常用来调味。然“堇”意朦胧，虽常见，但这些“堇”究竟是什么植物，众说纷纭。《尔雅·释草》中说：“芨，堇草。”郭璞释：“即乌头也。”韦昭更明确：“堇，乌头也。”但是《说文解字》却说：“堇，堇草也。根如荠，叶如细柳，蒸食之甘。”与《诗经》的“周原膴膴，堇荼如饴”如出一辙。细叶形的堇菜种类，叶片倒是有点像柳

野生堇菜花盆插

叶，但是甘、饴不知。《食疗本草》说：“堇菜味苦，多吃会使人感觉懈怠、困倦，令人多睡。”荼是苦菜，不可能如饴，故与荼同一类的堇“如饴”，恐只是精神疗法而已，或者这里的“堇”压根就不是堇菜。

《尔雅》初“堇”，《名医别录》首名“堇菜”，《中国植物志》英文版则将堇菜（*V. verecunda*）和如意草（*V. hamiltoniana*）合并为“如意草”（*V. arcuata*）。至此，虽属名有“堇菜”字样，但属内已无标志性冠名种，而只有一群名中带“堇菜”的种类，如根据叶形态定名的尖叶堇菜（*V. acutifolia*）、戟叶堇菜（*V. betonicifolia*）等，根据花形态、颜色定名的双花堇菜（*V. biflora*）、白花堇菜（*V. lactiflora*）等，根据果实命名的球果堇菜（*V. collina*）、悬果堇菜（*V. pendulicarpa*）等，以及根据分布区命名的阿尔泰堇菜（*V. altaica*）、鄂西堇菜（*V. cuspidifolia*）等。其实，如意草非现代新拟，清代的《植物名实图考》《本草纲目拾遗》中早有，据描述的形态考，确如堇菜，也算是依旧如旧了。比较特别的是该属中有一个种名“荁”（*V. moupinensis*，*Flora of China* 误作“萱”），名出《礼记》，好特别的名字。

堇菜属有紫花地丁。地丁者，散落大地的小物件，或意蕴大地的孩子。惊蛰初到，就可觅到些许花色，与早开堇菜（*V. prionantha*）十分相似，不易鉴别。那一种深沉而鲜亮的紫，使人恨不能立刻印染上身，美袂飘飘。一丛几葶，交错叠加，花朵小小，花瓣泛着卷着，带着翘距，像个刚苏醒的小姑娘，漂亮清新，神气活现。早开的堇菜花大些，花色淡紫的多，则就多半像少女了，美丽优雅，安然恬静。叫白花地丁（*V. patrinii*）的，开平淡白色的花，带些淡紫色脉纹，不失精致，就是个懵懂少年在释放美的天性。

城里的每块空地，都在抽芽返绿，

地生堇菜却已经招摇春光

野生的堇菜属植物的花，似乎没有黄色、红色等暖系色彩，但是寒日萧瑟的街头五彩缤纷的三色堇，也是堇菜属植物，近年来已成了长江中下游一带冬季重要的露地观花植物。原产欧洲的三色堇，典型花的花瓣5枚，上方2枚花瓣深紫堇色，侧方及下方花瓣均为有紫色条纹的黄色，形似猫脸或鬼脸，因而别名猫脸花、鬼脸花。品种一多，就会打破常规，一色花有之，条纹成斑块有之，杂色瓣亦有之，完全不同于种的描述。三色堇有一近缘种，亦多种植在街头，名角堇（*V. cornuta*），原产西班牙，以其茎秆具四棱、花小、花瓣无色块而多稀疏猫须状条纹而异于三色堇，但不绝对。

说是惊蛰，其实还在早春二月，风剪去玉兰的苞片，又去裁柳叶，与人一样，忙得很。工作的空隙，我常会去野地里溜达，看看天，看看水，顺便摘一丛堇菜，连花带叶，不管是什么种。带回办公室，找个小圆烧杯，满满地插进去，放点水，就是一个小盆栽，雅致无比，因了那种白，那种淡紫，那种深紫。“堇”通“仅”“少”“小”之意，高只二三寸的堇菜，普通之至，却奇在色彩，流苏浪漫、瑶芳飘渺，美在目，灵在耳，清在衣。

雁飞南北，蕈花团戢戢

惊蛰一过，雁点青天字一行，开始回归北飞。这个季节，在江南的石灰岩区域马尾松林里，一种美食开始兴旺。“翠釜煮时云朵朵，玉纤传处雪盈盈。香甘绝胜牛酥饼，嫩滑偏宜豆乳羹”。吟颂的是一种野蘑菇，一种叫松蕈或雁来蕈的野蘑菇。蕈，字从“艹”从“覃”，覃意为幽深，“艹”与“覃”合起来表示生长在林草间的蘑菇。

家乡苏州，辖下有常熟，常熟有虞山，虞山脚下有兴福寺，兴福寺有蕈油面。面还是细面，面汤还是蹄髈、油爆鱼头和多种香料熬成的红汤，正宗苏式面的风格下，唯独浇头换成了“蕈油”，一种用素油熬制虞山松树蕈的美食。认识了这种蘑菇，就发现其实城边也有，曾见过白马涧的农妇，从生长着桃花水母的清水深处，担出一篮篮松树蕈；也曾见过灵岩山的挑夫，在错落稀疏的松树林间，捡出三颗两朵野蘑菇。让人想起西晋时期的苏州文学家陆云的诗：“思乐葛藟，薄采其蕈。”近年回苏州，父亲曾带我去市中心学士街的一家开了很多年的面馆，老板是常熟人，招牌菜就是来自常熟的正宗蕈油面。原来，苏州城里从古到今，都一直飘着松树蕈的芳香。

雁来蕈，又称松树蕈、松乳菇、松树蘑、松菌、重阳菌，南京的松树菇、宜兴的雁来蕈、常熟的松树蕈都是长在松树根部的野生蘑菇，只不过是不同科、不同属、不同种

第一次认识“雁来蕈”是二十多年前，和宜兴泰华一家出口农产品的私营企业合作项目。不大的厂区，家族经营水煮笋尖、蕨菜干、盐渍薇菜、盐渍紫苏叶等当地特色植物产品，还有玻璃瓶装的水煮雁来蕈。清水煮过的雁来蕈回家再加工菜肴，一无口感，二无滋味，也没有和鲜香无比的松树蕈相联系，于是抛于脑后成无意之物。再提雁来蕈，是十来年前一位宜兴籍的领导与我聊工作，询问是否能解决其家乡名产雁来蕈的人工栽培技术，因不研究微生物而不敢妄接，但也就知道了这种野蘑菇在宜兴真的是历史悠久、家喻户晓。再后来，有个宜兴朋友送来一大盆烧制好的浓油赤酱的雁来蕈，品尝之余，惊为珍馐。

当年研究生毕业刚成家时，就住在植物研究所里的集体宿舍，开始尝试自立小灶，所需食材总是由先生下班归来时，在路过的城墙缺口外的后宰门菜场购买，周末也会两个人一道去逛市场。春来秋至，常见城郊农妇叫卖小竹篮里几朵绿锈斑驳、色暗貌丑的野蘑菇，也有颜色为鲜橘黄色的，都名曰松菇。因不大认识而恐不安全，只敢偶尔挑挑捡捡买几朵来烧豆腐，现在已经忘了当时是什么滋味。后来认识了些蘑菇种类，也多次尝试在紫金山众多的马尾松下寻找，甚至采过吃过鸡枞菌，然终不得松菇。

雁来蕈，又称松树蕈、松乳菇、松树蘑、松菌、重阳菌。南京的松菇、宜兴的雁来蕈、常熟的松树蕈都是长在松树根部的野生蘑菇，只不过是不同科、不同属、不同种。松树蕈分布很广，但形态、颜色多变。常熟的松树蕈只吃过，活的没见过。很多年前去常熟理工学院参加江苏省植物学会理事会，因父母爱吃蕈油，就和食堂师傅商量，请他代买代加工，结果80元钱即获得了5升油桶那样份量的蕈油。带回苏州，父母倍感惊喜，老父亲至今仍会提起。常熟松树蕈淡棕色，而宜兴的雁来蕈，新鲜时红棕色，磕碰之后它的伤口会很快变成绿锈色，熬油加工后，似乎和常熟蕈油的样子、味道没什么区别。

和孤立成丘的常熟虞山不同的是，富饶的天目山余脉宜溧山脉主要在宜兴境内，青竹和风摇翠，绿松托云散晴。有诗云："空山一雨山溜急，漂流桂子松花汁。土膏松暖都渗入，蒸出蕈花团戢戢。"

四五月间，松花迷离、芬粉落地，孕了鲜美和异香，大雁一过境，就有了上市的新蕈。土生土长的宜兴人将这种日渐稀少的食材拣洗干净，入锅用植物油略炒，加入很多嫩生姜片、一点盐、一点干红辣椒、一点白糖，用生抽提味、老抽着色，烧沸撇去浮沫，转小火烧半小时，就可起锅。

苏东坡在宜兴蜀山南麓买田筑"东坡草堂"，拟终老阳羡，据说其嗜食雁来蕈并赞其"绝佳"。作为宜兴人的媳妇，本人早已经成了雁来蕈的忠实食客，自有美食心得。"菰米莓苔水泽地，草木黄落兮雁南归"，年年雁南飞的季节，用宜兴的雁来蕈，以常熟兴福寺的做法熬制蕈油。小朵蕈质量好但价高，半开或全开的大朵蕈质量差些但便宜，得切小了熬油。随着翻滚的油渐渐变深红，那股异香真的无法用语言形容，熬好的蕈装进瓶中，将油没顶，就可以吃上整整一年，或直接食用，或作面浇头，或烧菜肴。这种烹制法是味道浓厚的，但只有本材并用油逼出香味的蕈油，且直接食用，才能真正品到真味，达到"响如鹅掌味如蜜，滑似莼丝无点涩。伞不如笠钉胜笠，香留齿牙麝莫及"的境界。

年年雁归来，岁岁有蕈乎

近年来，丘陵成了茶垄，松林变了果园，雁来蕈越来越少了。“戴穿落叶忽起立，拨开落叶百数十。蜡面黄紫光欲湿，酥茎娇脆手轻拾”。这样的情趣也会逐渐只留在字里行间。

榆“柳”树下拾青钱

惊蛰前就开写本篇了，春分才拾笔再续，居然已经从“吹面不寒杨柳风”到了“鸟声花色桃花水”。日子过得飞快，职事满满，暇时零零，好一个忙。已是景阑昼永，渐入风和气序，晓色云开，细雨才过还点滴。曾几何时，呢燕落花天，翠芽乍露，满枝青钱轻薄。这一不关注，煦阳里，弄风柳絮疑成雪，漫空相趁，满树的榆钱却已经青转枯色，随风十万散。

曾经有一段时间非常喜欢刘绍棠的作品，手不释卷白洋淀边的《蒲柳人家》，《榆钱饭》却是最近才读，再一次感受到他的水土风格，意绪无穷。“村前村后，一棵棵老榆树耸入云霄，一串串榆钱儿挂满枝头，就像一串串霜凌冰挂，看花了人眼，馋得人淌口水。”“九成榆钱儿搅合一成玉米面，上屉锅里蒸，水一开花就算熟，只填一灶柴火就够火候儿。然后，盛进碗里，把切碎的碧绿白嫩的青葱，泡上隔年的老腌汤，拌在榆钱饭里，吃着很顺口，也能哄饱肚皮。”其实，榆钱做的吃食远不止此，煮粥、熬汤、蒸窝窝、烙饼、炒菜，或者干脆直接吃，据说都是清甜润美。

榆树上缀满榆钱

苏州的老城区，一条条老弄堂，狭窄、弯曲，弄堂深处拐角的地方，常常兀然长着一棵榆树，有时树干的一半被包在砖墙里；园林里长着的，则表现为“篁竹阴翳，榆槐蔽亏”。榆钱不似花，一串串青圆摇晃着枝的流韵，荡漾在春风里，织出长长的情丝，斑驳树皮也变得温柔；榆钱亦是花，“柳丝榆荚自芳菲，不管桃飘与李飞”，春意阑珊季，亦是榆钱飞片片，湿尽烟花时。榆钱看上去十分洁清，是一种让人深省自我的颜色，也是一种不缚形式的格局。

榆树（*Ulmus pumila*），是一个物种的名字，也是榆属几种植物总的俗称。中国榆属约21种，主要有榆树、榔榆（*U. parvifolia*）、大果榆（*U. macrocarpa*）等，但一些物种在种名、别名、俗名、地方名之间有交混。榆树是地地道道的中国树种，在新疆、山西、河南等地新生代第三纪地层化石中就已存在，至于从甲骨卜辞“榆”的象形文字、《诗经》“山有枢，隰有榆”诗句，到繁华宋朝《东京梦华录》“城里牙道，各植榆柳成阴”的记载，再至如今两河流域、长城内外的遍及，它或它们，将中国文化的精华揉进了每支根须、每个枝丫、每朵花、每串果。

榆树花先叶而绽，花落果出，“未生叶时，枝条间先生榆荚。形状似钱而小，色白成串，俗呼榆钱。”每种榆树差不多都有青钱，或大或小，或薄或厚，或甜或不甜。少数例外如红果榆（*U. szechuanica*），其实不是果真的红，而是只在果核部分呈淡红、褐、红或紫红色。榆钱不都在春天长，榔榆就是秋风点青钱、霜雾染红妆的种类，而常绿榆（*U. lanceifolia*）则是冬雪轻压一树碧的种类。

蒸榆钱

青钱柳

离南京不远，有安徽滁州，“环滁皆山也。其西南诸峰，林壑尤美，望之蔚然而深秀者，琅琊也。山行六七里，渐闻水声潺潺而泻出于两峰之间者，酿泉也。峰回路转，有亭翼然临于泉上者，醉翁亭也。”欧阳修笔下的琅琊山，歌于途之负者，休于树之行者，前呼后应，伛偻提携，往来不绝；至于欧阳太守与众宾，则兴于临溪而渔、酿泉为酒，九曲流觞，野蔌杂陈。鸣声上下的阴翳树林、山麓溪边，分布着独属于这方水土的醉翁榆（*U. gaussenii*，仅分布琅琊山）和琅琊榆（*U. chenmoui*，仅分布琅琊山及江苏句容宝华山）。

江头疏雨轻烟，寒食落花天，穿帘的雪絮纷纷扑向流水，这是柳树，柳树可没有满树青钱。但是有一种“柳”有青钱，名曰青钱柳（*Cyclocarya paliurus*），是和柳树亲缘甚远的胡桃科植物。桃樱花蕾初萌中，“柳儿”果实划色青青，荷叠叮当，连翅直径可达6~7厘米的青钱，轻重绿不匀，摇曳重相倚。“一雨东郊捲夕云，山中坐对寂寥春”，这寂寥，描的是第四纪冰川幸存的记忆，书的是独存华夏地山间无尽的孤独。

中国特有植物青钱柳，分布在长江以南各省区，史书记载不多，却独独绕不开江西诗派创始人，宋代诗词家、书法家黄庭坚。作为国家二级保护树种，青钱柳虽说分布广，但数量少、单木零星。在江西修水、湖北神农架，有些年代久远的老青钱柳树，修水就是黄庭坚的家乡，于是有了《寄新茶与南禅师》：“筠焙熟香茶，能医病

眼花。因甘野夫食，聊寄法王家。石钵收云液，铜缾煮露华。一瓯资舌本，吾欲问三车。”这茶，自然是青钱柳叶加工而成的茗，号“香茶”“甜茶”。寄了南禅师，又寄苏东坡，去时附诗：“我家江南摘云腴，落硙霏霏雪不如。”东坡收时回和：“磨成不敢付僮仆，自看汤雪生玑珠。”

青钱柳叶形有大有小，叶数时多时少，果翅或平展或波状，不时还有极端形态，这让植物学家们思辨莫明，分类无定，觉得似乎可分很多独立种，又似乎都为渐变型，加上分布无定所、生长无规则，争论到了了，终究全归了1个自然种。至于起源，一直有多种假说，不过以化石为基础的考证和对古气候的追溯，应是根本的立论。第四纪冰川期，同属物种纷纷灭绝，青钱柳成了唯一的幸存者。此后，鸟虫兽人的纷扰，环境适应的博弈，到如今无奈于族谱延续盲断的危机。

青钱可认，“柳”何来？有人说树形立像柳木，有人说果串荡似柳枝，都很牵强。和山核桃、胡桃、化香、枫杨相近相缘的青钱柳，复叶粗犷，未呈柳叶之秀软；翅果憨厚，不复柳蒴的细巧；只有柔荑的花序，方同是三条两缕，却还是你守望着朝夕总相伴的寻常（青钱柳为雌雄同株异花序），我演绎着银河分两岸的故事（柳树为雌雄异株）。

传说燧人氏初时取火即用了榆木，表明榆树入尘的早古，传统中“春取榆柳之火，夏取枣杏之火，秋取柞楢之火，冬取檀槐之火”，异季别木，归四时而遂天意。如今成了乡土树种的榆树和濒危的青钱柳，在漫长的演化世中，无须再问身源之东西，明白可见去途之南北。故而，相安无事，顺其自然，是人类对于榆树和青钱柳最大的尊重。

素瓷缥沫香，何似琼蕊浆

每年的春天，总能得到一些被认为是茶中上品的明前茶叶，碧螺春、白茶和阳羡雪芽居多。古老的农业生产一向以节气为农事安排的指导、产物判断的指标，故而明前茶叶就是清明节气前，也就是春分节气中或节气后采芽炒制的茶叶，老法也叫“火前茶”，是因清明节前一天是不动火的寒食节，不动火而清明节复动火。明前茶采摘时天气尚寒冷，茶树芽嫩叶纤、参差不齐，茶叶淡涩雅香，品饮者几乎感受不到通常所认知的茶的味道。相对于明前茶，还有雨前茶，即采摘季节在清明后谷雨前，这时的茶树，芽叶茁壮舒展，泡出之茶显滋沉味，故而喝茶老客反觉这种茶更耐泡好喝。

苏州人称喝茶为“吃茶”，聚在一起的茶事活动也叫“吃茶”，当然不是将茶叶真的吃下肚。吃茶是苏州人交朋会友、亲人相聚最通俗也最雅致的形式，地点不在家，不在时尚茶馆，而是旧时在老虎灶，现时在几乎每个公园或公共绿地都有的露天茶室。一年四季，从清晨5~6点开始，茶室外的回廊、亭子、花丛旁、树荫下，一桌几凳，一水瓶几杯子，茶位费按人头算，每人一个袋泡茶包，很便宜。考究点的吃茶人，袋泡茶照拿，但喝的却是自己带的茶叶。没吃早饭的带一副大饼油条等苏式早点，吃过早饭的带几样苏式零食，比如蜜饯、卤汁豆腐干、糕饼、炒货，或高谈阔论，或低声细语，上至天文地理，下达莳花弄石，远至国际大事，近就家长里短。也有茶客独自逍遥，一张报纸细读，静悄悄地冬日晒暖阳、夏日沐凉风。吃茶人兴之所至迟及中午，手机或电话下一个单，生煎馒头（苏州人称有馅面点为馒头，故而有肉馒头、菜馒头等）、泡泡小馄饨、炒肉馅团子、苏式面、冰冻绿豆汤等，甚至时令小龙虾，不多时就能送到手中。

闻名遐迩的苏州园林，几乎每个都有茶室，这是愿清静些又愿多花点钱的苏州人吃茶的好去处。园林里吃茶，除了情趣依在，还可以看看巧工匠心的园艺，比如拙政园的木香、文徵明亲植的紫藤、留园的荷花、鹤园的白皮松、沧浪亭的兰花、艺圃的老蔷薇等。"吴中第一名胜"虎丘，被苏东坡称为"尝言过姑苏不游虎丘，不谒闾丘，乃二欠事"。吃茶有两处，一处为前山的冷香阁，木质楼梯拾阶而上，二楼雕窗刻栏，凭阑而观、而茗、而谈，很多年的农历年初一，这是我们全家一起去吃元宝茶的地方（元宝茶，即茶中放入青橄榄），窗下几株绿梅，暗香疏影，赏花正当时。绕过试剑石、剑池和早已倾斜的虎丘塔走向后山，则有另一处茶室，名曰"云在茶香"，竹篁绕远，茶槚临毗，盛开的白玉兰花瓣，间或会静静地飘下几片。

"小楼一夜听春雨，深巷明朝卖杏花。矮纸斜行闲作草，晴窗细乳戏分茶。"陆游吟咏的恰似苏州人的茶事。离开家乡，再也没有见过有地方如苏州人这般的茶事，哪怕是近在其周边的城市。宜兴是出茶叶的地方，也是出独特茶具紫砂壶的地方，出

茶

乎意外的是，似乎完全没有如苏州那样的喝茶习俗。或许以前是有的，因为记得三十多年前第一次去宜兴周铁镇时，在河边老街拐角，看见过有排门板的老虎灶，不过因不是早晨，没见茶客，故也不知有没有早茶市。

在宜兴川埠有个茶树研究的合作基地，几山环抱的山谷，虽是丘陵但还不算低。坐在基地有着一排面向山谷的大玻璃窗的宽敞接待室，远眺重树叠冠，近观青茶翠竹，听鸟鸣蝉嘶，品香茗清煎，想谈就开口说一句，不想就静静地喝几杯，少了热闹，多了雅韵，真可将“山中何事？松花酿酒，春水煎茶”改成“山中何趣？松花酿酒，春水煎茶”。再往宜兴南部三省交界的天目山脉那边走走，毛竹显然多了起来，竹海公园、芙蓉山庄等都有建在竹林里的茶楼，“芳丛翳湘竹，零露凝清华”，竹桌、竹椅、竹溪、竹风，游人打尖、歇息的多半，单纯喝茶的绝少。

想起曾经去过成都人民公园的百年“鹤鸣茶馆”，露天、矮竹椅、盖碗茶、高声低音的“摆龙门阵”、花样百出的尖嘴茶壶冲泡、让人“巴适”无比的掏耳朵，这和苏州人的吃茶近似但又完全不同。如果说成都人的喝茶是花团锦簇、红飞翠舞的花市景，那苏州人的吃茶则是鸟语花香、幽静雅致的圃园意。如今，各地的茶园造景、茶艺添韵成了新的景致，特别是产茶区，比如配着杨梅、枇杷果的苏州洞庭东山西山，衬着檫木、银缕梅的宜兴茗岭太华，繁育着佳品贵种的梅坞龙井，滋养着单株名枞的武夷桐木。

我野外考察和采集曾去过黄山、峨眉山、庐山、华山、天目山、长白山、秦岭、武当山等，唯独东南一隅的山走得少。几年前有机会去了武夷山，一进山就感觉到了别样，空气中有书香、溪流里有茶味。武夷名茶迭出，大红袍、正山小种、金骏眉、肉桂、龙须茶均产自这座中亚热带丹霞名山。天心岩元龙窠的三棵六株野生大红袍茶树，高悬石壁，满枝沧桑，虽然已禁采，但源自它们而扦插繁殖的小苗回到武夷，经过二十几年的发展，终成一代名茶的大产业。

在武夷山，我更感兴趣的是通往天心岩的峡谷中，有一个栽有许多品种、名枞的茶树种质园，一行行绿叶碧芽，每类群还挂着写有名字的小牌，偌大的种质园，偶尔闪

闲散几人，茶食几碟，不论什么理由，无须什么约束，这才是真正的“吃茶”

过穿畲族民族服饰的园工的身影。雨洗山青、雾没水秀的日子漫步这个园子，让人禁不住吟咏远古、抒怀草木。我在武夷山没有看到具有山野情怀的茶室，喝茶常常在农家，一个木质茶台，一位农家女（常常就是卖茶女），一圈小凳，一群坐在小凳上等着分配小茶杯品尝的茶客。

也曾在丽江古城喝过茶，众人都说那是个充满商业味的地方，修旧如旧的建筑是，琳琅满目的外来商品也是，但毕竟有低可触云的澄蓝天空，街角拐处时时可发现的月季古种，以及具有鲜明特色的纳西东巴文化。古城的茶室不放野在雪山下的杜鹃花丛边，也不散落在高山草原的格桑花海里，而是鳞次栉比地排在网状穿街过巷的水系旁小街，墙上装饰着冷杉果，台上瓶插着蔷薇花，茶则以花茶果茶为主，偶尔能喝上洁白如雪、形似菊花的丽江雪茶。《本草纲目拾遗》记载："雪茶本非茶类，乃天生一种草芽，土人采得炒焙，以代茶饮烹食之，入腹温暖，味苦凛香美。"这草芽乃是地衣，生长于海拔4000米以上。

狭义的"茶"，为山茶科山茶属茶亚属植物（*Camellia sinensis*）及由它制成的茗品；广义的"茶"，是可制茗的植物的统称，包括与茶同属的普洱茶（*C. assamica*）、毛叶茶（*C. ptilophylla*，叶片不含咖啡碱）等，也包括山茶科以外的植物，比如冬青科冬青属（*Aquifolium*）一些制作苦丁茶的植物，等等。狭义的"茶"，从植物的角度又有很多品种，从商品的角度又有由不同茶树品种以不同制作方式制成的茶品，成千上万种茶叶商品和茶树品种，究竟如何对应及厘清，这是十分困难的事。

"坐酌泠泠水，看煎瑟瑟尘。无由持一碗，寄与爱茶人。"闲散几人，茶食几碟，看看花，看看水里的鸳鸯或天鹅，不论什么理由，无须什么约束，这才是真正的"吃茶"。

清明

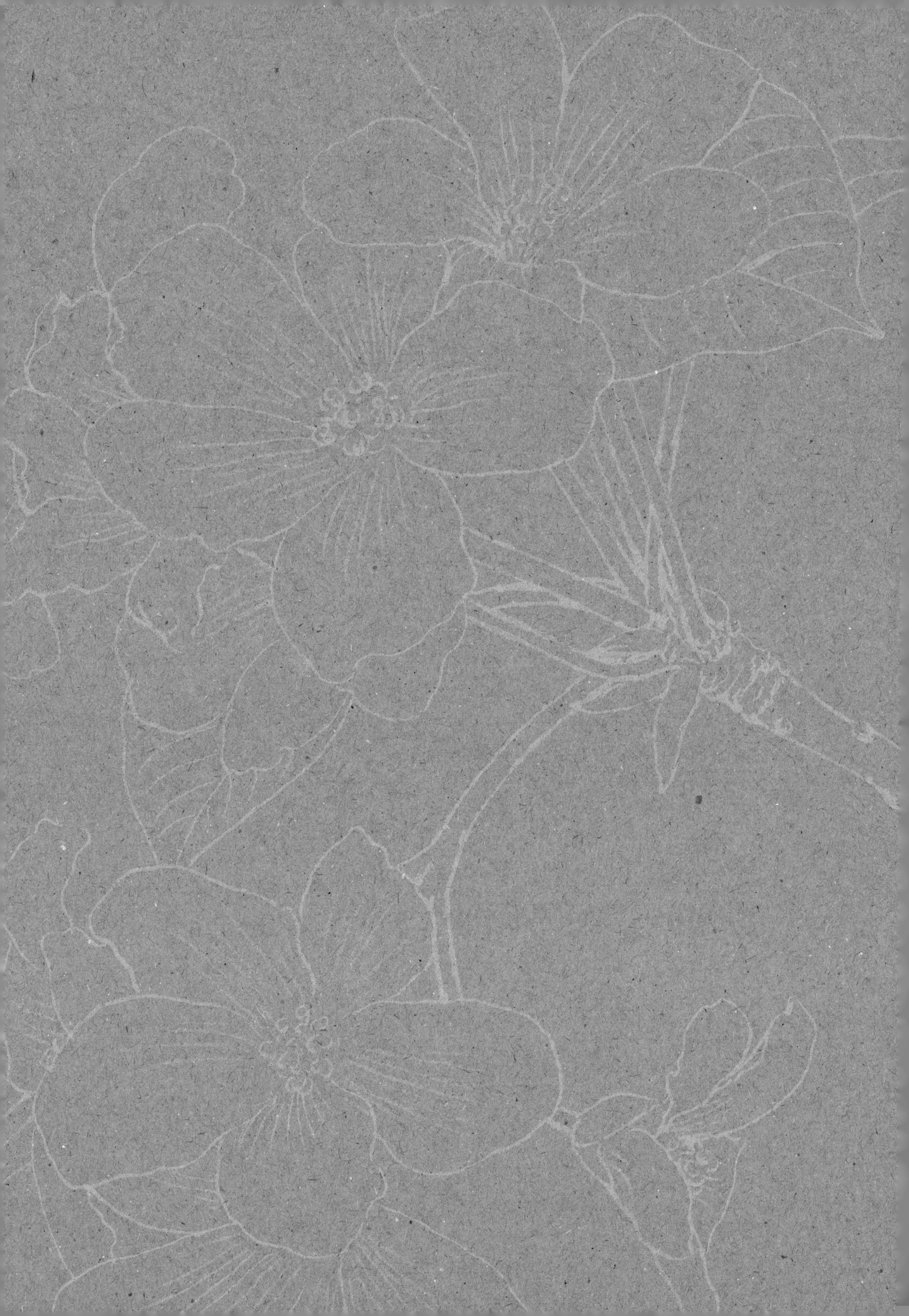

桐始华，远近淡无色

“清明：初候，桐始华。”桐花盛开，在农历的三月。植物分类学上没有叫“桐”的植物，但名中带“桐”的不少，比如梧桐、泡桐、油桐、野桐、刺桐、法国梧桐等。清明时节，泡桐类花开满山白、满坡粉、满街紫；油桐花也是白的，不同于泡桐花的漏斗状，而是大朵大朵的。那“桐始华”的“桐”究竟是何种植物呢？

野桐属（*Mallotus*）雌雄异株，花开无瓣、花序长条，当不入此典；豆科刺桐（又名象牙红，*Erythrina variegata*）和法国梧桐（二球悬铃木*Platanus acerifolia*）是后期引进种，因此也不合古书记载。那么，就只可能是梧桐（又名青桐，*Firmiana simplex*）、泡桐（*Paulownia*）或油桐（*Vernicia fordii*）了。《说文解字》曰：“桐，荣也。”《尔雅》曰：“荣，桐木。”又按：“与梧同类而异，皮青而泽，荚边缀子如乳者为梧（榇），亦谓之青桐。皮白，材中琴瑟，有华无实者为桐，亦谓之梧桐。”解释了

“桐”不是“皮青而荚边缀子（这是梧桐最特殊的形态）”的梧桐，而且梧桐也不在清明时节开花。但也有意见相左者，认为就是梧桐，如高诱《吕氏春秋注》曰：“梧桐也，是日生叶，故云始华。”而且按植物学者的观点看，即使“桐”是泡桐、油桐类，也不应是“皮白而有华无实”。至于“材中琴瑟”，泡桐类和梧桐的木材历来均是可做乐器的上品。

宋朝陈翥出了《桐谱》，认为：“一种，文理粗而体性慢，叶圆大而尖长，光滑而毳稚者，三角。……皮体清白，花先叶而开，白色，心赤内凝红，谓之白花桐。一种，叶三角而圆大，多毳而不光滑，不如白花者之易长，花亦先叶而开，皆紫色，谓之紫花桐。其花亦有微红而黄色者，盖亦白花之小异者耳。今山谷平原间惟多有白花者，而紫花者尤少焉。一种，枝干花叶与白桐花相类，其实大而圆，可取油为用。一种，身体有巨刺，其形如榄树，其叶如枫，多生于山谷中，谓之刺桐。一种，枝不入用，身叶俱滑如柰之初生，成行植于阶庭之下，门墙之外，亦名梧桐，有子可啖。一种，身青，叶圆大而长，高三四尺便有花，如真红色，甚可爱，花成朵而繁，叶尤疏，宜植于阶坛庭榭，以为夏秋之荣观，厥名‘真桐’，亦曰‘赪桐’焉。”烦烦杂杂，一共讲了6种，最后两种是梧桐和马鞭草科植物赪桐（*Clerodendrum japonicum*），作者认为仅得“桐之名”；第4种“身体有巨刺”的，按照形态描述，不是刺桐，倒像五加科的刺楸（*Kalopanax septemlobus*）。剩下的，第1种“白色，心赤内凝红”，描述的花很像油桐，但“花先叶而开”又不像，《中国植物志》认为是白花泡桐（*P. fortunei*）；第2种无疑是泡桐（毛泡桐，*P. tomentosa*）；第3种的描述也像油桐，只是不明白如果第1种是油桐，为何再列油桐？

油桐

拆桐花烂熳，乍疏雨、洗清明

至此，“桐始华”的“桐”真还有点乱。不过清明节气真正值得看的是泡桐和油桐花。古人统称的“泡桐”，其实还是个大概念，现代分类分出了白花泡桐、兰考泡桐（*P. elongata*）、楸叶泡桐（*P. catalpifolia*）等数10种，花色从白色、粉色至紫色不一。泡桐在我国的应用历史已2000多年，也许是因为身直质轻且有韧性的缘故，过去农村盖房的梁檩最佳的便是泡桐，临河人家捕鱼捞虾打造小渔船也是泡桐，甚至做檩造船剩下的废料也会做成泡桐底草鞋。

苏州城里的泡桐树不多，印象中似乎只有园林里有那么几棵，点缀点缀，不是什么主流树种，油桐树就更没有见到过。清明时节的淅淅沥沥中，站在潮湿的泡桐树下，绿草棵里、青石板上，泡桐花的掉落是一朵一朵，而不是一瓣一瓣，沾水细歌，碾泥轻唱，那一刻，没有伤感，倒有“桐花远近淡无色，自开自落那关愁”的释怀。自小一直到读初中，雨天所用一直是油布伞，伞面因涂上土黄色的桐油而显得厚腻且有味道，丑丑重重，但极耐雨淋。记忆深刻的原因是因为一次雨天的地理课，坏脾气的老师拿起倚在课桌边的油布伞，敲打调皮学生的头，发出“嘭嘭”的哑音，课堂里全体学生顿时噤声。这种刷伞布所用的桐油，就是油桐的苹果形果实榨出的。近年在植物园的系统分类园里也见到了开花的油桐树，甚为惊艳，与土黄色和厚重绝无关联，而是真如古人描绘的“白色，心赤内凝红”。

清明时节，你去乡村或在旅行的列车上，可时时见到一树树灿烂的紫花，静谧淡雅，在过了桃李杏梨花季的田野里微笑，尤其在晨曦暮霭中，似仙如幻。“满院绿苔春色静，冥冥细雨落桐花。”南京总统府的熙园有“桐音馆”，起意是因雨水落在梧桐叶上啪啪作响而得名，但我宁愿以为那是听桐花落地声音的地方。有意思的是，

“桐”的释义有一种是直接替代“琴”，如桐丝（琴弦）、桐竹（泛指管弦乐器）、桐音（琴音），可见由于其木质疏松、共振好，适合制作各种丝弦乐器。小时候曾跟着苏州文工团的琴师学弹过三年琵琶，在手的第一把琵琶身轻木疏，老师告知是桐木的，但因早已换琴，故至今不知它是泡桐木还是梧桐木。后来才知，无论什么桐，木都比较软，多只用来做乐器的面板，而并不能独立做乐器。

很多散文描写过如雪的油桐花开盛景，比如我国台湾四月的“桐花祭”，比如“桐柏英雄”家乡的桐花雨。一直没有机会见到，但在那些字里行间，我闻到了清香，也觉着了古诗“桃李竞随春脚去，仅留遗爱在桐花”的意境。一种乡野普通树种，风轻云淡，却能让人思索和领悟，也许是一本无字经书，也许是一条山间小路，只要是自己心之所往，就都是一树灿烂的鲜花。

清晓妆成寒食天

《淮南子·天文训》曰："春分后十五日，斗指乙，则清明风至。"汉代已明确记载，一年的天数可分成二十四节气，每月月首为"节"，月中为"气"，故农历三月的"清明"为节、"谷雨"为气。清明节，"万物生长此时，皆清洁而明净，故谓之清明"。

远古时候，每到初春季节，老祖宗们常常把上一年传下的火种全部熄灭，谓之"禁火"，然后重新钻燧取出新火，作为新一年生产与生活的起点，谓之 "改火"。禁火、改火均要举行祭祀活动，两个活动之间间隔的三五日无火时间，人们须以冷食度日，即为"寒食"。久而久之，禁火之日为"寒食节"。改火之日成了"清明节"，"寒食花开千树雪，清明火出万家烟。"大致到了唐代，寒食节与清明节合而成为一个节日。清明其时，柳芽烟出，梨花风起，暖意乍还，悠心荡漾。郊野山麓到处可见游玩、采摘的人们，因此寒食清明节也被称为踏青节，又与正宗踏青节"上巳节"（农历三月三）相近，故而三月是个"城中居人厌城郭，喧阗晓出空四邻。歌鼓惊山草木动，箪瓢散野乌鸢驯"的时节。

艾叶
苎麻
鼠曲草

寒食、禁火、改火、祭祀，暗示着清明节一定与食物关联。于是，就有了苏州人的清明螺、明前刀鱼、菜花甲鱼、菜花塘鳢鱼、明前茶、清明香椿、清明马兰等以“清明节”为节点的时令美食。

“明前茶”顾名思义是清明节前采的茶叶，受虫害侵扰少，芽叶细嫩，色翠香幽，味醇形美。同时，由于清明节前气温普遍较低，发芽数量有限，再加上各类炒作，所以物少价奇。苏州洞庭的碧螺春、宜兴的阳羡雪芽、溧阳的白茶、杭州梅花坞的龙井，都有明前茶。唐代诗人元稹著名的《一字至七字诗 · 茶》曰：“茶，香叶，嫩芽。慕诗客，爱僧家。碾雕白玉，罗织红纱。铫煎黄蕊色，碗转麴尘花。夜后邀陪明月，晨前命对朝霞。洗尽古今人不倦，将知醉后岂堪夸。”写尽了茶的形态、内涵、品性、功能，也展示了茶叶从明前的初绽到伺伴人生的过程。说起明前茶，还有一桩趣事，年轻时不懂茶也不大喝茶，探亲返宁时爸妈给了一罐苏州明前碧螺春，回家没喝就忘了，几个月后闲来寻事，开罐泡茶，将碧螺春的白色绒毛误作发霉，左看右看，一罐好茶就被扔了。

苏州的清明时令美食有两个最著名，酱汁肉和青团子。

酱汁肉是苏州独一无二的道地美食，五花肋排两寸见方，放料酒、茴香、葱姜，最重要的是放入红米包，即红曲米包。入锅后，只见浓色入汁，逐渐将肉染成殷红，肉酥烂再放冰糖，微火焖透。酱汁肉美味主要来自酱汁，用它拌苏州稻花香白米饭，恐无人再想吃肉。其实，酱汁肉在苏州是全年都有的，过了清明旺季，它就转向餐馆，号“樱桃肉”，烧法一样，只是把整块方肉剞花刀，而不若酱汁肉那样的小块。

青团子是个彰显民族文化的典型食品，面皮原料为糯米粉或掺点粳米粉，馅甜的常用赤豆沙或芝麻或花生碎，咸的常用菜肉、萝卜丝肉或干脆全肉。做青团子最关键的是染青植物，各地有各地的种类，最常用的是“日暖桑麻光似泼，风来蒿艾气如熏”的菊科植物艾（又叫艾蒿，*Artemisia lavandulifolia*）的叶；一些地区用清明菜（细叶鼠麴草，*Gnaphalium japonicum*），也是菊科植物，曾在贵州的青岩古镇吃过鼠麴草粑粑，并不很绿，但难掩扑鼻的清香；浙江用泥胡菜（*Hemisteptia lyrata*），又是菊科植物；宜兴人用荨麻科植物苎麻（当地叫绿苎头，*Boehmeria nivea*），采集叶后用石灰腌制，用时洗去石灰，将苎麻叶揉进一定比例的糯米粉、粳米粉中，包入甜或咸的馅，不过宜兴人的青团子不在清明节吃，而是在春节吃。

苏州人染青，用的是青菜或小麦苗，还有就是民间称为浆麦草的植物，经鉴定应是禾本科植物雀麦（*Bromus japonicus*），著名的正仪青团子就是用浆麦草做的。每到清明，在田间揪一把浆麦草，回家捣烂压汁，与晾干的水磨糯米粉（不放粳米粉）拌匀和好，包上细腻的豆沙馅儿，还要放入一小块猪油，团好坯入笼蒸熟，出笼时再薄薄刷一层熟菜油在表面，碧绿生青，软糯香甜。青团的美味是彻骨的，据说白居易都有诗赞美：“寒食青团店，春低杨柳枝。酒香留客在，莺语和人诗。”

说过了苏州的“一红一绿”，再来说说每年清明必去的婆家宜兴的“一黑一白”，黑是乌饭，白是鲜笋。乌饭，顾名思义是黑色的饭，每当仲春时节，人们上山采摘乌饭树（南烛，*Vaccinium bracteatum*）嫩叶，碾碎取汁，浸泡糯米呈蓝色，烧成饭就是乌黑闪亮、香气扑鼻的乌饭，爱食甜者，可拌上绵软的白糖。乾隆年间《本草纲目拾遗》也有描述：“今山人寒食挑入市，卖与人家染乌饭者是也。”于是，这个季节，南依天目山余脉、东临太湖西渎滨的阳羡古城，到处弥漫着青叶芬芳、稻饭醇香。南烛乃杜鹃花科植物，遍生南方酸性土山丘，汁染的乌饭，相传为道家所创，“乌饭新炊

宜兴的乌饭、青团和竹笋

芼臛香，道家斋日以为常”。也称为“青精饭”，《本草纲目》记载：“此饭乃仙家服食之法。久服能轻身明目，黑发驻颜，益气力而延年不衰。”

宜兴城的南面几乎都是丘陵，因此有山就有竹，有竹就有笋。清明时节，冬笋露头变春笋，淡黄白色的笋肉就成了农家乐的主打菜，竹林棵里的餐厅，尽享“杯羹最珍慈竹笋，缾水自养山姜花”。小雪节气腌制的咸肉，切成薄片连同新嫩的竹笋一起烧，瘦肉红得发亮，肥肉白得透明，笋味甜中带咸，汤汁鲜洁醇厚。还有一种笋焖蛋，将春笋切成细碎如米粒，打鸡蛋进去搅拌均匀，起油锅倒入，转动锅子让蛋液均匀铺在锅底，等蛋液底部渐渐凝固后翻身，另一面继续煎，然后放盐、糖、生抽、水等焖几分钟，起锅撒上青葱花即成，这个菜我仅在宜兴吃到过。

除了上述几种笋菜肴以及常见的油焖笋、笋丝搭配炒各种荤素菜外，苏州人在清明时节还有独特的“腌笃鲜”，就是咸肉、鲜肉、鲜笋块、百叶包肉（用棉线将几个扎成一扎，然后一扎一扎放入）煮的一锅鲜汤。那几年儿子回国总在冬季，只能用冬笋代替春笋烧“腌笃鲜”给他解馋，但冬笋收敛，不及春笋张扬，总觉得少了些风润雨透的成熟味。吃春笋的季节很短，山里人家剖笋、煮笋、晒笋，制成各种风味、各种规格的干制笋品，如焙熄、扁尖、秃挺、烟熏笋条、大块笋干等，留待没有鲜笋的季节，烧制不同于鲜笋口味的各种佳肴。

“借问酒家何处有？牧童遥指杏花村。”“酒污衣裳从客笑，醉饶言语觅花知。”这个节日里，除了对故去的亲人们表达哀思外，更多的是亲人团聚、赏花踏草、品尝时令美食，在短暂的春天里放飞心情。

流之·采之·芼之

“关关雎鸠，在河之洲。窈窕淑女，君子好逑。参差荇菜，左右流之。窈窕淑女，寤寐求之。参差荇菜，左右采之。窈窕淑女，琴瑟友之。参差荇菜，左右芼之。窈窕淑女，钟鼓乐之。”《诗经》开篇的这首著名爱情诗，反复提及了一种水生植物荇菜（*Nymphoides peltata*），并且形象地描绘了小塘黄花随水荡漾，美人拈花情怡心驰的画面。《毛诗正义》说：“后妃采荇。诸侯夫人采蘩，大夫妻采蘋藻。”美人采水草竟然还分个高低贵贱，那采荇美人的爱情呢？《诗经》时代的窈窕淑女，是带着洲之河的水灵、荇之草的野性；而后妃之采，恐失了元真，透着宫怨参差、廷斗无尽。

近邻太湖东头的苏州洞庭东山、西山，有200多千米的岸线，前个是半岛，后个是离岛，梅海桃浪，菱歌芡乐，春茶秋栗，夏枇冬橘，湖中临岸水草主要为荇菜，每每沿湖而走，荇花儿鲜黄色，在铺满水面的团团青叶间，灿若金星，弥覆倾亩。茎白，叶圆有缺口、紫赤色、浮在水面，根甚长入水底。若坐野塘畔，“试向菰蒲深处望，嫩黄一点荇花闲”，潋滟清流中，风牵着荇蔓，水静了凡思。偶尔的鸟鸣，惊扰得叶底鱼儿，仿佛荇花儿频偎，诉说衷肠。据说每朵花开放仅在9时至12时，但因了花期长，就让多情的文人们有长达4个月的诗意。

从《诗经》开始，关于荇菜的诗词多至不可数，闲闲地读来，发现其和“菱”连一起的特别多，如王维的“漾漾泛菱荇，澄澄映葭苇”，杨万里的“菱荇中间开一路，晓来谁过采菱船”，杜甫的“直讶杉松冷，兼疑菱荇香”，欧阳修的“水浸碧天风皱浪。菱花荇蔓随双桨。”可见两种江南习见水生植物之纠缠，有菱处荇影闪现，有荇处菱踪徘徊。有一年在东山太湖畔，正是芰叶呈菱、荇花挺箭的时节，但见浅渚荇花繁、深潭菱叶疏，菱裳荇带，风姿绰约、清香四溢，只是当时有一点小小的疑惑，植物志上描述荇菜，均明示叶片全缘而满，如元末明初苏州诗人高启说的“圆应问荇菜”，而我看到湖里的，却是有齿的叶缘。

荇，古作莕，李时珍解释：“《诗经》作荇，俗呼荇丝菜。其叶颇似杏，故曰莕。江东谓之金莲子。”其实，睡菜科植物荇菜，叶更似莲科之水生植物萍蓬（*Nuphar pumila*）、睡莲（*Nymphaea tetragona*）类，才有“金莲子”名，《花镜》亦称之“金莲花”。中国有荇菜属植物6种，种种都是水中清冷、波中仙姿，除荇菜茎有分枝外，其余5种均无分枝。分布在中国台湾的水金莲花（*N. aurantiaca*）花亦开黄色，其余4种则都是白色花，有花冠白基部黄色的金银莲花（*N. indica*）和水皮莲（*N. cristata*），有花冠纯白色边缘具睫毛的刺种荇菜（*N. hydrophylla*），还有也是只分布在中国台湾的小荇菜（*N. coreana*）。再要细分，则金银莲花的花冠裂片腹面密生长柔毛，而水皮莲的花冠裂片腹面无毛，具隆起纵褶；刺种荇菜花冠浅裂，小荇菜花冠深裂。

荇菜

我国台湾人将水皮莲叫龙骨瓣荇菜，大面积栽植作蔬菜。《尔雅》云：荇菜“丛生水中，叶圆在茎端，长短随水深浅，江东人食之”。《唐本草》曰：“江南人多食之。”《救荒本草》记：“采嫩茎炸熟，油盐调食。”《湘阴志》载：“茎叶柔滑，茎如钗股，根如藕，人多为糁食。”而三国时的苏州人陆玑的《毛诗草木鸟兽虫鱼疏》中，则说：用苦酒浸其白茎，肥美可案酒。”故而，其食用历史久矣。如今，生长在野塘闲渠的荇菜，采食人甚少，抑或只有餐风饮露的仙人才会去问津，反倒是龙骨瓣荇菜，承接了“新摘莲花堪酿酒，旧闻荇菜可为斋”的担当。

荇草所居之处，清水缭绕，若是污秽有染，则荇菜无痕。前些年太湖污染严重，经过治理虽已有明显好转，但对荇草的分布产生了较大的影响。据调查，只有污染稍轻的苏州，还能见到荇菜，但叶片的组织也都开始发生形态上的变化了。植物是会适应环境演化的，不知很多年后，是否还能见到澄流浮圆叶、清水挺荇花的情景，也许那时的荇菜，已演化成能搏击污池泥淖的生命。

据说每年春末夏初，北京大学的未名湖中，荇菜嫩黄色的花朵朵绽放，让校园充满了浪漫气息。这让我想起了故乡苏州，葑门外有黄天荡、荷花荡，娄门外有阳澄湖，匠门（相门）外有金泾浛（金鸡湖），胥门外有石湖，南门外有独墅湖，在千百年的春风夏雨中，一定也都会是“荇叶光於水，钩牵入远汀”。尤其是当年盛产茭白、莲藕、芡实、菱角、荸荠、慈姑、水芹和莼菜的“水八鲜”，如今已因填埋消失掉了的黄天荡。

黄天荡承葑溪蜿蜒，接民居生息，把苏州东南城门外风景、物产作担当，荡里的荇菜，虽不是水鲜，但形色、功用一样也不差。那时的葑门比现在恢复的横街集市要热闹多了，炊烟是沿河人家的，琵琶三弦是茶馆书场的，叫卖声是卖鱼腥虾蟹娘娘的，

“参差荇菜，左右流之”

打闹声是旧书摊前和满街串的孩子们的，嘈杂声是摇橹船的、卖菜的、摆点心摊的、镶牙理发的、卖工艺品的，以及吴侬软语吵架的。只可惜都留在了老人们的记忆中，文人们的笔墨里。

徐志摩《再别康桥》写道："软泥上的青荇，油油的在水底招摇；在康河的柔波里，我甘心做一条水草！"康河里有没有荇菜，我不知道，不过这个在软泥、水底的"荇"，不符合荇菜的特征，许是诗人的虚夸或者错认。但是，轻轻走，轻轻来，轻轻招手，荡漾着的永远是忧伤的水中的软草。四月的池塘中已经菱荇遍横，菰蒲深处嫩黄一点，"寻梦，撑一支长篙，向荇草更青处漫溯"。

何当共剪春秋罗

这段时间，只要上班，每天午饭后，总要去食堂背面的药物园转一转，看看我期盼的花儿是否开了。我等待的花儿叫剪春罗和剪秋罗，一种古产中国的不常见花卉。苏州作家叶弥在其小说《明月寺》中，曾经描写剪春罗（*Lychnis coronata*）："也像一个表情迂缓的清朝女人：寥寥几瓣，脸儿黄黄的，正是欲说还休的模样。"估计和她描写的小说场景有关，否则如此美好的花卉，怎被形容得如此不堪。野生的剪春罗只分布在江浙赣和峨眉山，明月寺在苏州的木渎镇，正在了它的分布区，周边灵岩山、天平山、穹窿山等小丘多，野山上挖来种便是，城里人除了识货的，断断不会远寻，何况山上野生的并不多。

"春罗"，指适于春季穿的绫罗；"剪"，裁剪。一种花，像绫罗，又贴春，必是华丽而轻俏，还似"裁剪"过，又必是花型奇特。"花直径4~5厘米，花瓣橙红色，顶端具不整齐缺刻状齿。"原来，丽该色、剪此状，还真如经典国学启蒙读物《笠翁对韵》

庭院中的剪秋罗

中所歌："轻衫裁夏葛，薄袂剪春罗。"南宋时期，诗词人作品中开始出现"剪春罗"，洪适有《剪春罗》："巧剪鲛绡碎，深涂绛蜡匀。残英枝上隐，逾月逞鲜新。"舒岳祥有《剪春罗》："谁裁婺女轻罗段，我有并州快剪刀。色似山丹殊少肉，形如石竹亦多毫。臙脂初褪黄先露，蝴蝶才成翅未高。欲向小窗成扇面，世无陶缜倩谁描。"

再此后，医药书如明代的《证治要诀》《本草纲目》，还有植物和园艺书如清代的《广群芳谱》《植物名实图考》等均开始有记载，名字则五花八门。《花镜》谓"碎剪罗"，《植物名实图考》称"剪金花、雄黄花"，《证治要诀》曰"剪红罗"，《本草纲目》的描述："剪春罗，人家多种之为玩。又有剪红纱花，茎高三尺，叶旋覆。夏秋开花，状如石竹花而稍大，四围如剪，鲜红可爱。结穗亦如石竹，穗中有细子。"细读，原来与剪春罗类同的花卉不止一种，而且和石竹形态相似。一查《中国植物志》，不承想，这群多在深苑人不识的花卉，种类如此丰富、花朵着实可赏、背景尤其古典。

剪春罗为石竹科剪秋罗属，也就是说，这群花卉中，与剪春罗相差一个字的剪秋罗（*L. fulgens*）才是主角。分布在亚非欧温带地区的剪秋罗属，全世界25种，中国6种，不少是野生花卉，分别是剪秋罗、皱叶剪秋罗（*L. chalcedonica*）、丝瓣剪秋罗（*L. wilfordii*）、浅裂剪秋罗（*L. cognata*）、剪红纱花（*L. senno*）和剪春罗，所以，6种里有4种名字都随了"剪秋罗"，这就是主角的重要性。6种花形、花色相近的，初略分分，皱叶剪秋罗分布新疆，许多小花聚生的花序看上去像个花球，其他5种的花序为顶端生1朵花，在其下方两侧长一对等长侧轴，每一侧轴再以同样方式分枝、开花。5种中，3种的花瓣2裂、2种的花瓣多裂。花瓣2裂种中，瓣片撕裂状且裂片近等大的是丝瓣剪秋罗，瓣片叉状浅裂且中裂片比侧裂片大的是浅裂剪秋罗，瓣片深裂且花色深红

剪春罗

的是剪秋罗。花瓣多裂种中，花瓣橘红色、植株近无毛的是剪春罗，花瓣深红色、植株被粗毛的是剪红纱花。

剪秋罗别称“剪秋纱”“汉宫秋”，即使在江南地区的公园、植物园里也不常见。张谦德《瓶花谱》中，其与剪春罗均被列为“九品一命”，在花花世界里，它亦一直和剪春罗齐名，“天工之巧，至绣球开花止矣。他种之巧，纯用天工，此则诈施人力，似肖尘世所为而为者。剪春罗、剪秋罗诸花亦然”。在《广群芳谱》“剪春罗”条下，列了“剪秋罗”“剪罗花”“剪金罗”“剪红纱”4个附录，分别对应什么种不确切，但无非以季节、花色类分，同时离不了“剪”和“罗”。“芙容开罢，无力秋风，又剪叶叶罗衣。移来时值三月，快并刀、曾傍春晖。春去也，一年两度，绿瘦红肥。”秋天比春天冷淡许多，西窗残照、芳花寂寞，孰知如剪的寒风，却能裁出秋罗那拂拂飘飘的艳丽舞衣。

许是剪春罗这个名字太诗意，因而被延伸用到很多与花卉完全不搭界的地方，比如元曲有曲牌名《剪春罗》。实际上，唐诗的歌法到宋代已经基本失传，而词到宋末，很多也已经不可歌了，可能是过分雅化而丧失了词的通俗性，因而后宋、元时期，戏剧和散曲得到高度发展。其时，民间乡土歌曲、歌舞不断发展，如《教坊记》记载的教坊曲中，有许多是出自民间的小曲，《剪春罗》就是其中之一，但曲调究竟是怎样的，没有查到。福建武夷山是出名茶的地方，历代茶农千百年来选育了无数的茶树优良单株，称为“名丛”，还根据名丛的特点取一些相应的名字，植物花名被普遍应用，其中就有以“剪春罗”“剪秋罗”冠名的。前几年在一个雨洗山青、雾没水秀的日子，曾经考察路过武夷山的茶种质园，名丛太多，茶园太大，又没认真定目标找和记，所以也许有“剪春罗”“剪秋罗”，但无缘见识。

我研究生毕业刚留所工作时，曾种过许多剪春罗，当时所在研究室从事的是药用植物研究，尽管后来自立成组后，将研究方向调整为更感兴趣的植物演化及再后来的功能基因演化，但当时必须做前辈们指定的课题。那段时间，研究室大规模研制源自家族秘方的抗疱疹病毒新药，对象是和剪春罗同为石竹科的一种植物。我在其中辅助，又想有所拓展，故查遍资料，以《证治要诀》记载的剪春罗治疗“火带疮绕腰生者，或花或叶，细末，蜜调敷”为依据，征得主任同意，申报到了项目，开始进行研究。实验材料剪春罗极易种，分根即可，管理也简单，试验田里一大片，仲春青苗葳蕤，初夏橙英灿烂。花季时候，办公室、实验室、宿舍里瓶瓶罐罐里都插满了剪春罗。

确实，剪春罗类做插花极好，形好、色好、花期长，唯略显粗糙及叶生过密，故插花时宜疏叶。剪春罗花开时节，紫薇树上已有蝉鸣，风飘白纱帘，雨打黑瓦当，花儿二三茎，配绣球太闹，配蜀葵太俗，配榴花太艳，配萱草太浓，透澄车料玻璃高瓶，一枝栀子新芳或一垂溲疏花条，配上则刚刚好。剪秋罗花开时节，蝉鸣已嘶哑，帘儿换丝绒，霜晶覆窗棂，插瓶就该换上青花瓷，那深红色的剪秋罗花配上还没转红的嫩绿枫枝，或干脆一捧飞蓬也不错。

谷雨已至，荼靡见笑楝花寻芳的季节也将过未过。“秾春无限好，正云剪春罗，水铺明镜。满目红芳，记淡烟斜日，江南时景。”实际上，剪春罗行深春浅夏，方绽厚苞，故觉其另一别名“剪夏罗”倒更为贴切。花如人，感知温度，适时收放，懂得季节，从容开落。它们会像川端康成笔下的海棠，逐月未眠，也会像梵高画中的向日葵，追日朝阳。“花不尽，柳无穷。应与我同情。”剪春罗、剪秋罗们在自己的世界里，修心、修性、修缘；人也一样，等待、错过、执念、放弃，其实无须明了、无须知晓。

初夏，我们苦恋（楝）

二十四番花信风，始梅花，终楝花。楝花一开，姹紫嫣红的春天就算完全过去了，虽然蔷薇儿还红，海棠花仍艳，但毕竟已像是唱罢曲子的角儿，走在下台的阶上了。过了谷雨，转眼就立夏，楝树（楝，*Melia azedarach*）开花了，近看小花朵紫渗白瓣，远远望去，满树紫烟洇染，很像蓝花楹（*Jacaranda mimosifolia*），只不过多了些夹杂其间的绿树叶。

楝树，老百姓称为苦楝，因有毒的楝子极苦，实乃含了某种与人不善的化学成分，是打虫用的药材，故而没有医生的指导，万万不可随便服用。这样的情形，使得开放出的极浪漫的花，虽浓香亦显清苦。苏州人也把楝树叫苦楝，发音和苏州话的“可怜”一模一样。城里人家种得亦多，好生长，且春看叶，夏看花，冬天则看黄黄圆圆的果子，晃荡在背衬湛蓝天空的每一个枝头，好像一幅写意画。江苏人称楝树为“紫花树”，如同其是地地道道的乡土树种一样，这个名字朴实透明、乡味浓郁。

楝树的花期很长，在一年最美的时节中，也在恋爱的季节里。苦楝，苦恋，记得有一部小说改编的电影，插曲的歌词大意是这样的：“我们相见在阳光下，我们相知在月光下，我们相爱在星光下。阳光多么慷慨，为我们铺满鲜花；月光多么温柔，照着我们的泪花；星光多么亲切，听我们倾吐那悄悄话。”一树花开，在春天的终日，美丽而无可奈何。春的浪漫过去，是磨人的酷夏，读书时的纯情，替换了毕业季的现实，只有年年依旧的苦楝花，紫了又白，白了又紫，小雨清风落，细红如雪点。

老家的后院是孩童时的天堂，西一片枫杨（*Pterocarya stenoptera*）林，东一片苦楝树，中间夹杂着一排修矮了的女贞（*Ligustrum lucidum*）。大人们忙着工作、学习，放了暑假的小伙伴们，除了吃饭睡觉和做不算多的暑假作业外，整天就在院子里玩。大家假扮卖菜人和买菜人，用牛筋草（*Eleusine indica*）将摘下的枫杨串串元宝果、苦楝簇簇碎紫花扎成小捆，拿出向大人们讨来的中药铺称药材的小秤，开张“营业”。有时候，绕着枫杨楝树爬上爬下，抓知了和金龟子，抓来的知了是放在哪里歇息的，现在已经忘了，但记得金龟子是用细棉线，卡着头下的缝隙打结，然后握着线的另一头放飞。花开时青叶干净紫簇苦香，结果时斑茎光洁黄实飘零，楝树，终究是让人念了又想，想了又念，连同消逝了的少年时光。

说到楝树，还可忆起两件事情，一是《红楼梦》作者曹雪芹的祖父曹寅，因喜楝赏楝，将自己的号由“荔轩”改为“楝亭”，著有《楝亭诗钞》八卷，辑刻《楝亭十二种》等，均盛行于世；二是日本作家清少纳言的《枕草记》，描写端午时节，紫纸裹楝花、青纸卷菖蒲，苦恋之人互赠寄情。原来，楝树可以这样有内涵，也可以这样有意蕴。明戏曲作家高濂的《草花谱》曰：“苦楝发花如海棠，一蓓数朵，满树可观。”俞楝花极香，5片深裂的草绿色花萼，5片细匙形淡紫色花瓣，10枚雄蕊合成深紫色的一个管，上面缀着10个黄色的花药，合的合，展的展，高高低低，深深浅浅

平伯亦曰:“花开花落似丁香。”可见,无人将苦楝当回事,只是喻从其他名花,才有楝花的光彩。话又说回,也许唯有卑微,才有“苦恋”。

办公楼前的阶下,有一棵高过二层楼的楝树,工作累了,会站到二楼过道上,看窗外的楝树,绿叶、紫花、黄果的轮回变迁。有时候看得久了,忍不住用高枝剪截下带花一枝,借个实验室里的量筒,瓶花几日,细嗅清芬。楝树是招鸟的树,人坐在屋里,就可听悦耳鸣声。起初青绿的果实,树叶落尽后,变成淡黄、深黄,届时植物园里的喜鹊、灰喜鹊争相啄食,啄去果肉,果核便纷纷落地,转眼的春天,一棵棵小苗便破土而出。

楝是平民化的树,根植在中国的千年文化中,引无数诗人竞“走笔”,成就楝花、楝诗与楝学。杨万里浅夏独行,赞曰:“只怪南风吹紫雪,不知屋角楝花飞。”谢逸密意无人寄,感叹:“楝花飘砌,簌簌清香细。”唐诗佚作:“楝花开后风光好,梅子黄时雨意浓。”温庭筠高歌:“天香薰羽葆,宫紫晕流苏。”楝的民间故事传说也不少,立夏到,端午节就不远,粽子文化居然也有楝树的身影,“绿树菲菲紫白香,犹堪缠黍吊沉湘”,佩楝叶避邪、粽裹楝叶驱龙。《荆楚岁时记》述原因:“蛟龙畏楝,故端午以叶包粽,投江中祭屈原。”如今,练物之技早已失传,但楝“叶可以练物,故谓之楝”。“练帛,以栏(楝)为灰,渥淳其帛。”“楝,可浣衣也。”这些曾经在古代用极一时,如此看来,楝树实在是个全方位体现民俗精髓的植物。

颜家巷西段南面的莲目巷,东起由巷,西至宫巷,明初卢熊的《苏州府志》原记作的是“楝木巷”,因巷内旧时有楝树故,后民国《吴县志》注:“俗名莲蓬巷……,俗又苏州道前街西美巷，有个况公祠，始建于清道光六年（1826年），2019年再次修缮改造，特意保留了院中那棵树干笔直、树皮呈现暗淡的青褐色的楝树

作莲目（卷）。”从此，一个书卷气中有画的巷名，被不知所以然的名字所替代。当在苏州各大园林转悠时，时见乡野之物屡屡盛开在咫尺乾坤之深，怡园的螺髻亭，围植楝树，花开之时，可俯瞰一园淡紫；沧浪亭南隅尽处庭院的看山楼下，曾被记载楝、枳椇（*Hovenia acerba*）、梧桐（*Firmiana simplex*）茂盛，后来楝、桐不存，代之朴树虬劲，但据说逐年在补种。

当年，唐朝诗人杨基游步苏州天平山，举头惊见楝花香，吟曰：“细雨茸茸湿楝花，南风树树熟枇杷。徐行不记山深浅，一路莺啼送到家。”芳菲散去，草木葱茏，苦恋（楝）何尝不是一种美丽！

熟水荏苒香

号称“东方威尼斯”的苏州古城有“三直三横”骨干河道和阊门支流、平江水系、南园水系、其他内部河道等支河道。第一直河，即学士河，跨桥18座；第二直河，即临顿河、齐门河，跨桥19座；原来的第三直河不知为啥没有了，现在的第三直河即原来的第四直河，即平江河，跨桥20座，以白塔路为点的南北两段平江路全部在这条河的沿岸。平江路再往南的河段，不远处有官太尉桥，西侧沿河小路北段亦名“官太尉桥”，往南为叶家弄；东侧沿河小路北段为石匠弄，南段为望星桥北堍。

立夏，清风微醺，已经有点燥热的感觉了。因为正在进行苏州地方品种研究项目，且这个季节是采集植物材料的大忙时间，所以我时不时会回到故乡。常住的宾馆，就在官太尉桥北头，所以早上晚间得闲，常常顺着官太尉桥两边沿河小街走走，看双塔夕影，听直河橹声。河边的石榴树很多，花儿应季开，红得似火，间或有几棵石榴（*Punica granatnm*），白花的，花色花的。远远看见几丛叶片紫紫的草本，开始还以为看错了，毕竟苏州人的传统食谱中没这一物，后来仔细看，方知确实是紫苏（*Perilla frutescens*），而且这一留神，发现屋角和小支巷的路边，竟然很多很多。

西北风起时，苏州人吃阳澄湖大闸蟹，向来是清蒸配上加了醋、姜末、白糖的调料，蒸时连黄酒都不放，怕失了本味。不知什么时候起，无论饭店还是家庭，清蒸大闸蟹时会放紫苏，连阳澄湖螃蟹礼盒中都会配紫苏包，不过似乎亦无大碍，毕竟紫苏只是添了清香。元代倪瓒的《云林堂饮食制度集》中介绍螃蟹："用生姜、紫苏、橘皮、盐同煮，才火沸透便翻，再一大沸透便啖。"据传紫苏叶解螃蟹寒毒是华佗的发现，说是见水獭吃多了鱼而食紫苏叶解毒、解食后的灵感。传说还就是传说，没人去细究不喜水的紫苏怎会生长在水边，水獭是否认识植物。

到西双版纳出差几次，都吃到了一道菜，名为香草鱼或香草鸡，傣族吃法，如原料是乌骨鸡，菜肴名会叫香草鬼鸡，变成了景颇族吃法。这些菜肴的调料多样，洋葱、香菜、小米辣、姜、柠檬汁等，还包括了平时江南人不常用的木姜子（*Litsea pungens*）、香茅草（*Cymbopogon citratus*），尤其强调，如有紫苏，其他香料均可不要。喜欢吃这个风味的菜，但是江南少见，想吃就得自己做，于是常常去植物园里的药物园。立夏，紫苏茂盛，还未著花，正是被食用的最好时期，也是生命力最旺盛的时期，以至早已突围那片种植区域而成蔓延趋势。采了几片紫紫的糙叶，一转头，发现有几棵显然也是紫苏的植物，但叶片硕大，几乎是常见种的3~4倍。问管理人员，说是种质为游客所赠，不知是什么培育品种。

韩国人吃烤肉习惯用新鲜的紫苏叶搭配，在全世界的韩国商店中，还可见紫苏泡菜罐头；日本人吃生鱼片，紫苏也是必不可少的配物。不过在这些餐桌上见到的紫

紫苏

苏，基本上是颜色全青的，这也是生鲜料理中最常用的品种。越南人会在炖菜和煮菜中加入紫苏叶，或者将紫苏叶摆放在越南米粉上作为装饰；盐渍的紫苏叶则为日本人热衷，我曾经在项目合作地宜兴的泰华镇，看到很多企业加工盐渍紫苏大量出口日本，也是绿的叶片。

虽然紫苏在中国为人熟知，是因其为著名的中药材，且常将叶（苏叶）、茎（苏梗）、种子（苏子）分开作药，“叶则偏于宣散，茎则偏于宣通，子则兼而有之，而性稍缓”。但紫苏在中国人的饮食中也很常见，主要用作鱼蟹烹饪的调料，“苏�紫姜，拂彻羶腥”。如紫苏烧鱼、紫苏炒田螺、紫苏烧肉、紫苏虾等，泡菜坛子里也常常会放入紫苏叶或茎防菌，李时珍就曾经记载：“紫苏嫩时有叶，和蔬茹之，或盐及梅卤作菹食甚香，夏月作熟汤饮之。”另外，紫色叶的紫苏由于叶片中富含花青素，常被用于梅干、红姜等的染色。

《中国植物志》描写紫苏，叶绿色、紫色或深紫色，野生或栽培。待到英文版，种下分了3个变种，之一是只有栽培品的“紫苏”（*P. frutescens* var. *frutescens*），叶紫或绿色，对应的花淡红或白色；之二是野生或栽培的“野生紫苏”（*P. frutescens* var. *purpurascens*），叶比紫苏小，紫或绿色，这里的所谓栽培即老百姓挖了野生的种在庭院里，并不是紫苏那样的栽培种；之三是仅在中国、日本有栽培的“回回苏”（*P. frutescens* var. *crispa*），其叶具狭而深的锯齿。其实，这3个变种对于紫苏来说还不尽然，还有叶片正面绿色、背面深紫的，深紫透过来，让叶面的绿变得模糊；更有叶两面皆绿色，但褶皱多如鸡冠的。

古籍中将叶全绿、花白色的称为白苏，叶两面紫色或面青背紫、花粉红至紫红色的称为紫苏，现代专家说这些变异是因栽培而起，差别微细，故将二者合并。《说文解字》云："荏，白苏也，桂荏，紫苏也。"名词释义"荏苒"："一种草本植物，茎方形，叶椭圆形，有锯齿，开白色小花，亦称白苏。"故白苏叫荏或荏苒，紫苏叫苏或桂荏，两者形态也有很大差异。至此，紫苏、白苏很清楚，所以，觉得古人分得更合理。

紫苏很寻常，也无须专门莳弄，年年岁岁就会野野地生满院子。片片叶儿，紫中渗绿、绿中透紫，风中隐香、雨里醒目，给世俗的生活平添了细密的情趣和意韵。晨光初露的早上，"窗户莫嫌秋色淡，紫苏红苋老生花"，挎上精致的竹篮，掐些嫩嫩的紫苏尖头，早餐的桌上，就会出现一盆紫苏蛋饼或者杂菜色拉；夕阳西下的傍晚，踩着随意的步子，摘下团团的紫苏叶片，晚餐的食谱中，也就有了白肉卷苏叶或者紫苏焖鳊鱼。

紫苏叶煮的水，叫紫苏熟水，被认为是最佳消暑饮品，"向来暑殿评汤物，沉木紫苏闻第一"。紫苏熟水通常的做法是："紫苏摘新叶，阴干。用时隔纸火炙，作沸汤泡，蜜封，热饮，冷则伤人。"炎热的夏季，或是醉酒，引酌梅竹下，醉卧云峰前，香泛紫苏饮，醒心清可怜，洗涤曲蘖昏，还观神明全。

"海棠花下生青杞，石竹丛边出紫苏"。方茎增粗、对叶渐密，紫苏旁若无人地长着，到了秋天，便有了一串串紫得忧郁的花，牵起人们因纷纷扰扰的日子带来的淡淡的伤感。种子已经自由落体了，待着来年重生，经历了冬季枯黄后，日子又会变得有枝有叶。元代诗人方回诗曰："未妨无暑药，熟水紫苏香。"立夏季节，亲近紫苏吧。

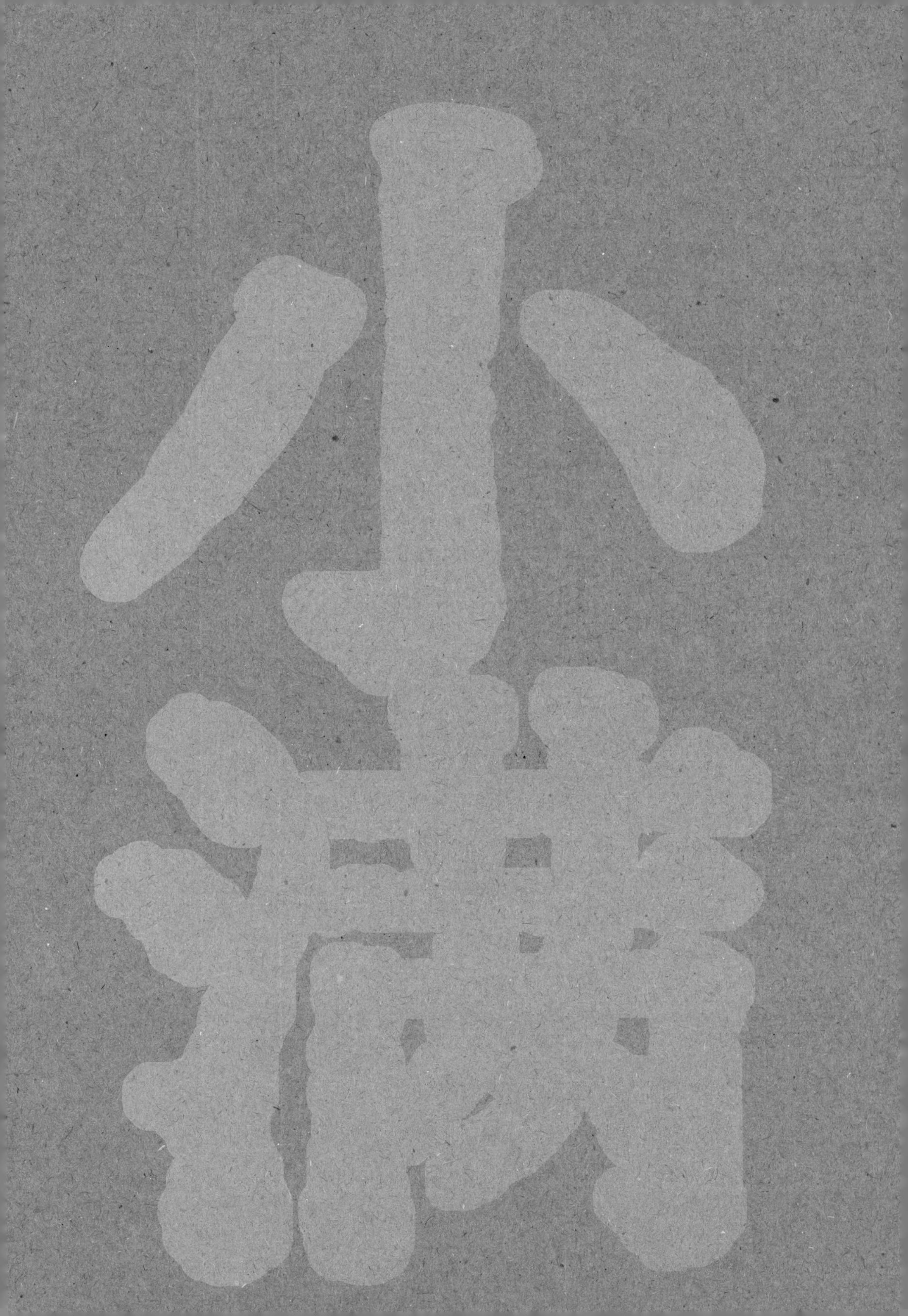
小满

花开隔岁香

好友问："为什么有些花儿要在冬天开放？"是的，除了四季温暖的南方，北方甚至长江中下游的冬天，温度低下、寒风凛冽，自然界传粉的蜂儿、蝶儿们早不见踪影，野地里的植物（温室的不算），为什么要在这么恶劣的气候下展示自己最美丽的容颜，度过自己最重要的生命阶段呢？

冬天开花的植物不多，浅粉深红的茶梅，澄黄乳白的蜡梅，不算上早春的梅花，那就还有细茸秀蕊的枇杷（*Eriobotrya japonica*）花儿了。"枇杷换叶何青青，雪中开花来远馨"。多花的圆锥花序在每个枝头顶生，每朵小花白色花瓣5片，下部带些淡黄色，外面包裹着锈色的毛茸茸萼片，芳香四溢。

湖南有个洞庭湖，苏州有个洞庭山，《姑苏志》载："洞庭山，在太湖中。一名包山，以四面水包之，故名；或又谓包公尝居之（陶隐居云包公为句容人鲍靓）。"洞庭山分为洞庭东山、洞庭西山，水陆变迁后的现在，东山早已成了半岛，而西山仍是个

枇杷

离岛。水雾缭绕、气质温润的小环境，使得洞庭山成了浙江以北的吴地，唯一能产出枇杷、杨梅、橘子的地方，也成就了冬季赏枇杷花的景地。车行驶在太湖边宽阔的大道上，往路边的山丘、平地、院落放眼望去，鳞次栉比的枇杷树，摇着一簇簇白色的密花。

自然掉落的花，或是果农整枝疏剪的花，当地人会熬制枇杷花膏。枇杷花清水洗净包裹于纱布之中，放进锅中煮至沸腾，然后调文火，几小时后捞出枇杷花，加冰糖再熬，直至熬成膏状物，这是有执念的苏州人冬季最好的礼物。这样的枇杷膏和药房里的川贝枇杷膏之类绝不等同，那是用叶片熬的，而枇杷花少，膏季节性强，带着洞庭的风声、太湖的水汽。

无论是叶片还是花熬的枇杷膏，均有清肺、化痰、止咳平喘等功效。我很小的时候，就知道枇杷与咳嗽有着密不可分的关联。每次风寒初起，痰意始生，奶奶就会带我和与我同龄的表弟去后园隔墙的人家，从一棵高大的枇杷树上采摘两三片大大的叶，回家后将叶片背面朝上，用湿毛巾把棕色毛绒从每一条叶脉间擦去，然后将叶片切碎，和着红枣煮汤，每天喝几次，这种治咳嗽的药比较人性化，起码不苦。除了枇杷叶红枣汤，梨炖冰糖、油炖鸡蛋等，也是民间治咳嗽的土法。

枇杷花很香，放蜂人也追着冬季的花信而来，枇杷花蜜酿成，春天就不远了。“杨柳迎霜败，枇杷隔岁花”。冬孕秋花，春实夏熟，小满节气，“细雨茸茸湿楝花，南风树树熟枇杷”。绿叶丛中，累累金实，独备四时之气者，一梢堪满盘，每个枇杷果子内有五个棕色的大种子，洗净溜光涓滑，可把玩。洞庭山最出名的枇杷品种是白沙、红沙、青种，白沙肉小白颇甜，红沙肉橙红较酸，青种肉大白很甜。近年来，洞庭山基本淘汰了白沙，而种植20世纪初由白沙选育出的“白玉”，果实非常大，果肉淡黄白色，汁多清甜。下枇杷的季节，洞庭山人会用竹篾编成网篮，里面垫上山边路旁的蕨叶，轻手轻脚摘下一个个吹弹得破的金果，小心放进篮子，满了再铺些蕨叶，这才盖上盖子。扁担一挑，转眼间枇杷就到了亲戚屋里、朋友桌上、街头巷尾。吃枇杷的季节很短，二十来天吧，所以凑不准就得再等一年。一个道地的苏州人，对于枇杷有着说不出的钟情。

枇杷是地道中国种，原产东南部，如今四川、湖北还有野生。宋祁的《枇杷赞》吟道：“有果产西蜀，作花凌早寒。树繁碧玉叶，柯叠黄金丸……”宋时川蜀之外，江南、岭南的枇杷已是常见之物，并有了栽培品种。朱翌《猗觉寮杂记》曰：“岭外以枇杷为卢橘子。”当年被贬岭南蛮荒之地的苏东坡，看到了“罗浮山下四时春，卢橘杨梅次第新”。枇杷成熟在杨梅之前不久，所以有了次第，卢橘才可能是枇杷。中国与枇杷相类的植物约13种，果实各异，甚至有红色的，但除了枇杷，其他种的果实基本无堪食的。

氤氲九秋月，寒始时的枇杷花，也是赏花的好材。大过蜡梅却敢与蜡梅比秀，微于茶梅却勇与茶梅比香，一序上几十朵，绒绒团团，次第开放，暗香浮动。传说成都西郊浣花溪畔，有这么个院子，种满了枇杷树，枇杷花下，一个诗书女子沉吟徘徊，过着“万里桥边女校书，枇杷花里闭门居。扫眉才子于今少，管领春风总不如”的生活，这是时年二十岁刚脱去乐籍的薛涛。后人在望江楼上题上对联：“古井冷斜阳，问几树枇杷，何处是校书门巷？大江横曲槛，占一楼烟月，要平分工部祠堂。”历史缄默着，独留一段枇杷花下的才女传说。

苏州东山枇杷

读古诗词，常见“山枇杷”，如白居易著名的《山枇杷花二首》：“万重青嶂蜀门口，一树红花山顶头。春尽忆家归未得，低红如解替君愁。”“叶如裙色碧绡浅，花似芙蓉红粉轻。若使此花兼解语，推囚御史定违程。”这里描写的红花、红粉，肯定不是别名“山枇杷”的大花枇杷（*E. cavaleriei*），也不是什么野枇杷，因为枇杷属的花都是白色的，专家考证，这个山枇杷是红色的杜鹃花。

落叶、萌芽、开花、结果，不知谁安排了生命活动的时间表？秋天来了，一年生植物感觉到了寒冷，赶紧结成种子以备明年萌发，自己却向冻而死；二年生植物，靠着膨大的地下茎，靠着万无一失的冬芽，安然过冬。很多大植物枝上的冬芽包括花芽，需要经受冬天，才能在春天开花，谓之“春化”。然而，枇杷为什么冬天开花呢？有报道，自花授粉的枇杷的传粉昆虫是蜂，而冬季是蜂唯一的短暂休闲时期，这又如何解释？花香只为招蜂引蝶，而冬季又没有蜂蝶，那枇杷花香为谁？

不管怎样，枇杷花年复一年在隆冬开放着，拒绝热闹，享受寂寞。“都道秋深只一花，般般也共斗霜华。洁然偏许白云染，我自闲闲赋枇杷”。

材与不材之间，似之而非也

“周将处乎材与不材之间。材与不材之间，似之而非也，故未免乎累。”成材为患，不成材也为患，“处乎材与不材之间”，才能保全，这是庄子的思想。这段话用于桑科植物构树（*Broussonetia papyrifera*）十分贴切，这个中国的乡土树种，虽说是乔木，但常常歪枝松芯，不是好木材，宋代大儒朱熹就认为，构树“恶木也”。要说构树不是材，苏东坡《宥老楮诗》又表明其用处“略数得五六”。材与不材之间，构树自得地见土就长、见地即生，生长速度很快，或成冲天大树，或成参差灌木，山坡、河谷、废墟、野地甚至墙头、屋顶，处处可以看见它顽强的生命。

苏州城中最著名的一条街叫观前街，旧称察院场（现在地铁四号线那站的名字又改回旧称了），观前街西头的斜对面，有条小街叫“马医科”，一说是因南宋马杨祖在此设立药局而得名，一说是以清代御医马培之在此行医而得名。原长305米的小街（现在东头因人民路拓宽已侵占了不少尺寸），名人故居不少，有清末著名文学家、朴

构树

学大师俞樾的故居“曲园”，有庞氏居思义庄“绣园”，还有正门开在韩家巷、后园山墙蜿蜒在马医科的清道员洪鹭汀的“鹤园”。三个园苏式古典园林的风格，除了亭台楼阁，少不了的是飞花缘藤、墨枝翠草，鹤园的白皮松、曲园的青桐（植物名梧桐）都已是百年沧桑，绣园我没进去过，听说虽遍植美花，却没有一棵大乔木。垂直于马医科的庆元坊内不足50米远，还有个“听枫园”，是清朝曾署苏州知府的吴云家宅，也是当年我上的托儿所所在地，园内古枫婆娑。

故乡的老房子有个不小的院子，洋房二楼我家窗外，有棵歪干大构树，遮蔽半个前院。红果熟透时节，常常逢暑假，喜食此物的金龟子和天牛，每每可在掉下的红果上被抓到。如果不小心让红果砸到身上，鲜红的浆汁染上夏衣，不容易洗掉。家家户户的大人们，每顿餐后聚在井台洗碗，边说笑边顺手采下三两片构树叶，擦洗餐具特别是带饭的铝饭盒，糙糙的叶片吸油极好。

古书《山海经》已有多处提到构树，并标明西南各山长有很多“榖”（与谷同音）。《诗经》曰：“乐彼之园，爰有树檀，其下维榖。”榖就是构树，又名楮。很多记载将“榖树”称为“谷树”，实大谬。“谷”为“穀”之简写，左半“壳”下为“禾”，而构树这“榖树”左半“壳”下为“木”，形似音同，内涵却完全不一样。苏东坡《宥老楮》描写构树：“树先樗栎大，叶等桑柘沃。流膏马乳涨，堕子杨梅熟。”将构树的特点一览无余，树比臭椿（*Ailanthus altissima*）、栎树（*Quercus*）高大（其实不完全是），叶与同为桑科的桑树（*Morus alba*）、柘树（*Maclura tricuspidata*）一样，树干、叶脉中还含有白色的乳汁，果实成熟时如杨梅（*Myrica rubra*）。

构树分雌雄，两者叶形均为掌状或心形，但花序差异很大。雄花序为柔荑花序，像一条条毛毛虫，这些青绿色的毛毛虫采摘洗净，拌上面，放在蒸锅中大火蒸熟，出锅加盐、红油、蒜泥等调料，即为待客、尝新、救荒的上好美味。雌花序球形头状，是无数瘦果形成的聚花果，成熟时红色，杨梅样，鲜甜可口，故构树又被叫作“野杨梅树”“楮桃子树”。《本草纲目》还记载：“雌者皮白而叶有桠杈，亦开碎花，结实如杨梅，半熟时，水澡去子，蜜煎作果食。”

传说吃野杨梅可以大补，东晋葛洪《抱朴子》就有这么一段：“柠木（构树别称多达20多个，这是其中一个）实赤者服之，老者成少，令人彻视。道士梁须年七十，服之更少壮，到百四十岁，能行及走马。”葛洪虽是道教学者、炼丹家、医药学家，但此话还是让人生疑。其他的一些本草书籍如《别录》，确实记载楮实“功用大补益”，想必应是有些滋补功能的了。

构树与文房四宝中的纸关系密切，早年在苏州的各家书画店，都能买到一种叫楮纸的东西。“凡纸质用楮树与桑穰、芙蓉膜等诸物者为皮纸，用竹麻者为竹纸。精者极其洁白，供书文、印文、柬、启用。”多少年来，人们遵照蔡伦发明的流程，使用原始的工具，在深山土沟中，广采青枝、轻捣白浆、细挑竹帘、巧揭楮纸，“塞溪浸楮春夜月，敲冰举帘匀割脂。焙干坚滑若铺玉，一幅百金曾不疑。”李时珍曰：“构汁最黏，今人用粘金薄。古法粘经书，以楮树汁和白及（*Bletilla striata*）、飞面调糊，接纸永不脱解，过于胶漆。”看来，文房四宝中的纸以“构树”材为上，甚至以“楮”代“纸”字，“楮墨”即纸和墨。

构树可造纸

宋朝和金朝印发的“便钱会子”（类似汇票、支票）、宝券纸币，都是用构树皮纸印制，故称“楮币”。既然能做纸，一定能做布，果然，陶隐居云：“武陵人作穀皮衣，甚坚好也。”唐代茶学家陆羽的《茶经》里更有个细节：“穿，江东淮南剖竹为之，巴川峡山纫谷皮为之。”穿，贯串制好的茶饼；谷（穀）皮，构树皮。“茶”字形，就是“人在草木间”，草木如诗，连配具都如此诗意。

明代袁中道家中有莲池二十余亩，临水有园，楮树丛生。想在园中修建一凉亭，周边不种松柏，不种桃李，只想选择可作庇阴的树种，于是，“植竹为亭，盖以箬”，夏天酷暑，房子里如炙烤，而凉亭处水风泠泠袭人，构树叶皆如掌大，其阴甚浓，遮樾一台，还可以避雨。“日西，骄阳隐蔽层林，啼鸟沸叶中，沉沉有若深山”。非常美，这就是著名的《楮亭记》。并且，袁中道还醒悟：构树“盖亦介于材与不材之间者也。以为材，则不中梁栋枅栌之用；以为不材，则皮可为纸，子可为药，可以染绘，可以颒面，其用亦甚夥”。

宋人刘克庄曾经勾画了一幅静夜美图：“楮树婆娑覆小斋，更无日影午窗开。一端能败幽人意，夜夜墙西碍月来。”不“材”又如何？不被认为“材”又如何？生活中不需要那么多“材”，也不需要刻意追求“材”。构树告诉我们，月光下，树就都是树，地位等同；“材”意广阔，是生命就都会有亮点耀光。

芒种

苏州人的姜丝椒油

曾经写过《苏州人的葱花蒜叶》，一直觉得意犹未尽，好似花季少了几朵花似的。“苏州人静静成云淡风轻的生活，就着葱情的佳肴、蒜意的美食，将天天日日熬制成岁月的细水长流、温柔风景”。不过，除了葱情蒜意，梅子将黄雨将至的芒种时节，月桥花院，琐窗朱户，还有苏州人的姜欢椒悦。

淅淅沥沥下个不停的细雨中，根植于不知哪个角落薄土里的凌霄（*Campsis grandiflora*），张扬着蔓延每家每户的窗棂，又讨喜地弯出簇簇艳花。浅紫深红数百窠的端午花（蜀葵，*Alcea rosea*），惊醒了水雾空濛的城中河，也惊醒了早起寻食的人们。踏进苏州每个面馆，除了红汤、白汤，焖肉、爆鱼、虾仁、炒肉馅，柜台上还整整齐齐排满着装满姜丝的小碟，去了皮，切得细细长长，嫩黄嫩黄。宽汤的面碗里，挑开卷得稍紧的细面，铺在面上的浇头上下沉浮，倒上姜丝，再略挑几下，就可开吃这人间第一美面。现在的店堂桌上，会放些醋、辣油、酱之类，吃面加这些的，大多为外地人或新苏州人，道地的苏州人唯要姜丝。

姜

苏州人叫姜（*Zingiber officinale*）为“老姜”，一般也确实指长老了的姜。烧荤菜是一定要放的，去皮或不去皮；烫黄酒也是经常要放的，切片或切丝；酱汁肉一定放老姜而不是嫩姜，因为嫩姜在煮的过程中容易烂而影响口感。烧素菜则要看情况，不一定道道菜都放，比如油焖茄子，那约定俗成一定要放老姜，露地长的小紫茄，切成船刀块（正式叫法是“滚刀块”，不知苏州人为什么叫“船刀块”），旺火多油，放入茄子，撒一把鲜姜丝，加老抽、白糖、盐，关键是不能放一点水，然后将茄子炒软炒熟，这样的菜品在大伏天就是不放冰箱，也能几天不坏。秋风四起吃蟹的日子，主料从阳澄湖出水，剁得细细的姜末早已备好，兑上香醋、白糖，随着蒸得热气腾腾的清水大闸蟹一起上桌。这个姜末不像很多地方（比如宜兴）用嫩姜，苏州人是用老姜的。

很多人家会在大夏天买上一些姜，晒晒藏藏，说是伏姜去寒效果好，为一家老小常年备着点。小时候以为伏姜就是三伏天收获的姜，后来才知道老姜一般在十月中下旬至十一月才收获，八月初收获的是嫩姜，当然现在有了大棚，很多情形不确定了。有人说三伏天吃的姜，就是伏姜；也有人说，初伏第一天将姜置瓦上任凭风吹日晒雨淋露湿，充分汲取天地日月之精华，到末伏的最后一天收起来，这才是伏姜。故而相信，“伏姜”只是伏里买的姜后的处理方法，而不是一种原料，一千个人可能有一千种伏姜。

“菰首甜供茹，姜芽嫩漉菹”。嫩姜上市，苏州的各大酱园就忙开了。像老底子渡僧桥北堍小郗弄口的恒泰兴酱园，创建于清咸丰元年，由徽州人潘氏开办，它的嫩姜一定要用浙江硖石的原料；《葑溪琐记》一书记载了创始于清末年代（1851年）的“瑞泰酱园”，是当时除了全永盛、吴鼎源之外的葑门三大酱园之一，腌仔（嫩）姜亦是当家产品，如今在葑门横街重开园。苏州人的早餐一般是清粥小菜，稻花香大米煮得开花，天热有时放点绿豆，配上乳腐、酱什锦菜、王子瓜（大黄瓜做的酱瓜）、酱莴苣笋、咸鸭蛋之类，腌嫩姜也是当家品种。主食不够，再买两根油条，配碟虾子酱油蘸蘸，匆忙又满足，吃罢，上班的上班，上学的上学，上小菜场的上小菜场。

置在厨房窗台或小篮子里暂时不用的姜，一不留神就会冒出些呈紫绿的芽，仿佛雨的湿气和伏的燥热让它们挣脱束缚。掰下这些胖嫩的芽，可腌可糟可凉拌，兴趣所致，带些姜身切下，放入土盆或水盏，不几日，青青丛苗葳蕤，竹叶儿似的，如果再认真些种植，还能等到花冠黄绿色、唇瓣有紫色条纹和淡黄色斑点的花儿盛开，这与菜市场门口常有叫卖的有浓郁芳香的白色“姜花”（*Hedychium coronarium*），完全不同。

端午、小暑时的黄鳝细嫩肥美，故有“小暑里黄鳝赛人参”的说法。食不厌精、脍不厌细的苏帮菜，有道名菜“响油鳝糊”，色香味声齐全。活鳝经沸水烫泡后，划出鳝丝（鳝丝一定要用活鳝，且当着买主的面加工而成），熟猪油炒透，加绍酒、酱油、食糖等，湿淀粉稀勾芡，撒上胡椒粉，出锅装盘时上置一堆葱花、姜丝、蒜泥在顶上，上桌后，将一勺滚油往葱姜蒜上一浇，瞬间喧嚣四起、酣畅淋漓。如果手边缺了葱花蒜泥，这菜尚可成菜，但少了姜丝，就不是这个菜了。如是，得月楼的汆糟、石家饭店的鲃肺汤、松鹤楼的秃黄油、寻常人家的面拖六月黄，少了姜丝，也就都没有了灵魂。

老苏州人是不大吃辣的，但是辣酱（苏州人叫辣火酱）是厨房里的常备。小时候，辣酱要到酱油店里去买散装的，和现在市面上的很不一样，鲜嫩红色、细而无颗粒、

平望辣油清透醇正，辣中有甜，甜中生香

无油，记忆中母亲会在冬日红烧萝卜时放一点，其他菜则均不放。大夏天的傍晚，街边的油炸臭豆腐出摊，大而方正的臭豆腐外面炸得焦黄，里面仍然白而烂酥，用稻草穿上几块，摊主会问："要不要蘸点辣火酱？"多半是要的，小心拎回家，就是全家人的晚餐菜之一。

吴江有鼎鼎大名的平望辣油，让苏州居然也有和吃辣之乡攀比的资本。正宗的平望辣油原料是肉厚色红味辣的辣椒（*Capsicum annuum*）品种鸡爪椒、羊角椒（这两个地方品种估计已经消失了），腌制、粉碎成辣椒酱，将菜子油、辣椒酱按比例混合，加配料（据说是18种独门配料），煮沸加焖后，将油撇出，经沉淀过滤就成了辣油，副产品就是辣酱。如此简单，却是只闻椒味、不见椒身的清透醇正，辣中有甜，甜中生香，说辣不辣，说不辣还真有点辣。

芒种了，姜抽叶，椒孕果，天长雨晴恰。离家乡久了，口味也变了许多，重味浓辣几十年，才明白，有时不过是为了漠视生活中的艰辛和苦痛，终了，仍然会念起那姜丝的淡和椒油的轻，因为得失沧桑，该受的总要受，该面对的总要面对。"畦畦姜芋葵荽蓼，物物蕃滋辅主人"，随手掰下的几个姜芽，如今已长出尺把高的青丛，厨房忙碌之间瞥一眼，便是满心的欢喜。

寻常的日子里，手边常放着叶正亭的《吃在苏州》，配着一壶茶，便可将思绪牵到远在二百多千米外的故乡的姜丝椒油。

槐黄日近，尚有清梦否

1979年七月在苏州参加高考，记得当时的考场在市一中，热得不得了，教室里拖来了大冰块。学校门前的公园路上，一溜儿法国梧桐，遮天蔽日，边门出来，有几棵槐树，彼时已是花褪瓣落一地，嫩果初露枝头。现在江苏的高考，改在六月初，这正是槐花黄时，许是巧合了“槐花黄，举子忙”。古代，“槐”指代科考，考试的年头称“槐秋”，举子赴考称“踏槐”，考试的月份称“槐黄”。“几年奔走趋槐黄，两脚红尘驿路长。”“槐催举子著花黄，来食邯郸道上梁。”因而也有了很多故事，比如北宋宰相吕蒙正当年状元夺魁，别人发现他家“床前槐枝丛生，高二三尺，蒙茸合抱”。

名字中带“槐”的植物很多，但常说的槐树、中国槐，是植物学名叫“槐”（*Styphnolobium japonicum*）的种类，豆科植物，花淡黄色。因树型高大周正，自汉代开始就作为了行道树，据说当年京城长安，大道两侧尽植槐树，称“槐路”。现在，北方多些，南方亦有，苏州很多街路，行道树就是一棵槐树夹杂一棵香樟树（樟

槐

Cinnamomum camphora)。其实槐花不是纯正的黄，而是青绿黄，串串序花上的骨朵儿"状如米粒"（花蕾又称"槐米"），盛开后就像聚集的只只小蝶。虽然"槐"名最早载于药书《神农本草经》，但实际上三国魏时代宋均注的《春秋纬·说题辞》中，表明了在周朝早已遍植，并被赋予了吉祥的象征，"槐木者，虚星之精"。

东汉末年著名文人王粲、魏文帝曹丕、文学家曹植均作有《槐赋》，称颂道："禀天然之淑姿……作阶庭之华晖……丰茂叶之幽蔼，履中夏而敷荣。""有大邦之美树，惟令质之可嘉。托灵根于丰壤，被日月之光华……修干纷其漼错，绿叶萋而重阴。上幽蔼而云覆，下茎立而擢心。伊暮春之既替，即首夏之初期。鸿雁游而送节，凯风翔而迎时。天清和而温润，气恬淡以安治。违隆暑而适体。谁谓此之不怡。""在季春以初茂，践朱夏而乃繁。覆阳精之炎景，散流耀以增鲜。"槐，这个特产于中国的古老树种，数千年来与国人的吃、穿、住、用、行、劳作、防病治病等日常生活和生产息息相关，恐怕没有哪个树种具有如此崇高的地位和深厚的文化。

龙爪槐（*S. japonicum* f. *pendula*）是槐的变型，苏州的公园里常见，初见还以为是人工弯曲成的。后来去南京上大学，生物系所在的西南楼前，一左一右有两棵，刚入植物学专业学习，理不清什么种、变种、亚种之类，园艺学上的品种是略知的，后来才知其在分类上还是有独立地位的。成书于康熙年间的《花镜》中，对盘槐（龙爪槐）有详细的形态描述："独枝从顶生，皆下垂，盘结蒙密如凉伞，性亦难长，历百年者，高不盈丈，或植厅署前，或植高阜处，甚有古致。"槐还有一个变种叫堇花槐（*S. japonicum* var. *violacea*），又称紫花槐，这个变种打破了槐花非淡黄即白的概念。十几年前在河南出差时瞥到过一眼堇花槐，不识，忽略。近年，在江南的很多公园见过成片的，枝头开满大朵密集紫艳的蝶形花，浓烈一树，还以为是国外引进的园艺新品，查了植物志，这才发现自己大谬了，原来这是个原生贵州的地道中国种。

说到地道中国种，就再说说起源于北美洲东部的刺槐（*Robinia pseudoacacia*，又叫洋槐），由于在中国栽培过于普遍（除了海南和西藏），以及大白花串串、清馥香芬芳的突出表现，以至于很多人以为刺槐才是正宗槐树。与龙爪槐和堇花槐不同的是，刺槐和槐的遗传关系较远，两者分归两个属，从形态上也很好区分，除了花色及开花期，刺槐在托叶的地方长了一对刺，槐没有。四月去广州，看到开放着花瓣鲜黄至深黄色、叶片似槐的小乔木，原来是黄槐决明（*Senna surattensis*），引种自南亚及大洋洲的决明属植物。这些似槐非槐的豆科植物，紫红花色的、艳黄花色的、洁白花色的、淡黄花色的，从早春至早夏，从街边到原野，开开落落、收收放放，构成了空中美丽的花花世界。

拾花入馔，自古风雅。明成祖朱棣有个弟弟名朱橚，编著的《救荒本草》记载："槐树芽，采嫩芽煠熟，换水浸淘，洗去苦味，油盐调食。或采槐花，炒熟食之。"槐花放香季节，平常人家钩下一朵朵鲜嫩的槐花，淘尽，拌上面粉，蒸食，最大限度地保持其原汁原味和营养，若再加一点腊肉末、蒜泥、味精、少许酱油醋拌食，口感更佳。亦可作馅料，以干花为上。东山、西山的"农家乐"还将槐花蕾收在冰箱里，一年四季随时取出炒鸡蛋、炒辣椒。其实，刺槐花更香甜，做法同槐花，江南仲春时节，刺槐洁白串花挂满枝头，氤氲缭绕的香气甘甜淡雅、沁人心脾，香彻了白天，也香透了黑夜。"月入宫槐槐影淡，化作槐花无数"，这就是吃花的好时节了。

刺槐

用面与槐叶、水等调和，切成饼、条、丝等形状，煮熟，用凉水汀过后食用

杜甫有一首诗叫《槐叶冷淘》："青青高槐叶，采掇付中厨；新面来近市，汁滓宛相俱。人鼎资过熟，加餐愁欲无；碧鲜俱照箸，香饭兼包芦。"名字好诗意的"槐叶冷淘"，其实是一种凉食，即用面与槐叶、水等调和，切成饼、条、丝等形状，煮熟，用凉水汀过后食用。《图经本草》曰："初生嫩叶可作饮代茶，或采槐子种畦中，采苗食之。"徐光启说："世间真味，独有二种，谓槐叶煮饭，蔓菁煮饭也。"滋味究竟如何？我没尝过，但想来荒叶野菜之物，应谈不上珍馐。

"槐色阴清昼，杨花惹暮春"。苏州城里槐树是不多的，北方农村村头常常会有老槐树。春天来了，槐树褐色的枝头上冒出灰绿色的芽，渐渐变成青葱绿色、薄薄的、干干的羽状复叶；叶浓了、密了，一枝一杈构建成深绿色的华盖，然后黄白色的花蕾钻出来了；瞅着，簇簇累累的花序上，一天变一只小蝴蝶，直至全部展翅飞舞；转眼，念珠状的果荚就满树了，由绿转褐色，到来年新叶绽出时，还能见到飘零的几挂隔年旧果；于是，一年又一年，一棵槐树，永远长在篱墙边。

每次回家乡，最喜欢去平江路走走，虽然商业气息浓厚，但完全可以无视，因为那条街的植物太美了，春有黄木香和清嘉弄的古老白蔷薇，夏有紫藤和河埠头的满树木槿花，秋有木芙蓉，冬有枇杷花，探到河面弯曲身子的，则是一棵一棵不知生长年月的中国槐。不觉共情"山风花落尽，溪雨燕飞回。又觉年光暮，庭阴满绿槐"。

夏至

雪飞六月真亦假

看六月雪（*Serissa japonica*）开花，唯美，韵及细雨湿衣清浅，闲花落地无声。六月雪开花的季节，满山碎米娟娟、细牙盈盈，隐隐约约在枝叶扶疏间，覆几寸地，洗一片天，这般“雪”曲，谁解和？六月雪花盛，正逢江南迷离而湿润的夏至，与真正的酷热六月相交了一个尾巴，也许是因为喜清阴、畏太阳，风从深山，风过而丛木留声；也许是因为黄梅雨时氤氲，雨接高天，雨落而千华生烟。一枝枝扶风的短棱，将那满目的绿绿白白铺张得湿润，越过季节，在眼底旖旎。

姑苏城窄窄的巷子里，青石板上的脚步，轻轻寂寂，不时惊扰轩窗后的落寞，还有在红木几案上离空守望的六月雪。养花的人，摘枯拾瓣，对叶伴花，于诗里词中醒来、睡去。梦里的那朵六月雪，忽而成尘封旧事的主角，忽而在烟波浩渺的记忆里浮起落下，将网师园的传说演了又演，再将平江路的故事说了又说。

小叶白花，矮棵木茎，六月雪像一幅版画，看上去粗糙，赏起来拙俗，然而品之，却淡雅不浓烈、静娴不张扬、生动不索然无味。虽道胜梅三分白，输兰一段香，可这白像栀子花翻落的洇痕，香如茉莉花沉醉的失馨，真就是一种恬淡。花不大，也不小，正合适；味不远，也不近，刚恰当；木不高，也不低，恰好触手可及。

苏州周边的低山丘陵零星散布，主要在西部山区和太湖诸岛，以穹隆山最高，南阳山、西洞庭山、东洞庭山、七子山、天平山、灵岩山最为著名。六月雪是这些丘陵上的常见物，寻觅到枝叶形态好的，可随手挖几棵带回家做盆栽。即便是专营盆景的，也是到野山上收材料，然后定干、布枝、结顶、疏密控制、整体造型，把大自然浓缩于盆几之间，虽是人作，却宛若天成。

作盆玩的六月雪，大有逸致。野风远去，可骨子里木性犹存，如同它那角质层发达的叶片，光滑却沁凉，厚实而粗陋。看惯了开到荼蘼的姹紫嫣红，到这里，仅仅剩了一个真，但只这一个真，就已经诉尽了春花秋叶，写满了夏果冬芽。野山上的六月雪，则自由得多，从山下开到山头，又从山头开向山的另一面，不喜春的灿烂，不忧秋的凋零，守着期盼一日日，待到冬至，花早已旧了颜色，那就在阳光下翻晒干枝隐芽，等着沧桑之后的豁然开朗。

名出《花镜》的六月雪，为茜草科植物，“一名悉茗，一名素馨。六月开细白花，树最小而枝叶扶疏，大有逸致……”同属另一种白马骨（*S. serissoides*），在江南的丘陵与六月雪交叉分布，不识者还真不好认，专业书、文章多有定名混乱，园艺上基本统称六月雪，即便是白马骨，也不提。论叶片，六月雪的革质，白马骨的薄纸质且小很多；论花，六月雪单生或数朵丛生，5～7月开，白马骨通常数朵丛生，4～6月开。如今已有

六月雪盆栽

不少六月雪的栽培品种，比如叶大、叶缘有金黄色狭边的金边六月雪，花开复瓣质厚的重瓣六月雪，还有粉花六月雪等。

诗人泰戈尔写过一首《第一次手捧素馨花》："我依旧记得，第一次我的手里捧着一束素馨花，她们是白色的，是那种纯洁无瑕的白色……"六月雪一名素馨，这就与木樨科另一大类植物（素馨属*Jasminum*）相混了，这个别名典出何故，不十分清楚，也许是素馨花别名叫"耶悉茗"，而六月雪别名又叫悉茗的缘故。其实，两种植物生命，从不曾有来，亦不曾有往，却纠缠于你的文字、我的故事中，生生将空山里的淡泊变成各自不想要的热闹。

探春花（*J. floridum*）、迎春花（*J. nudiflorum*）、野迎春（*J. mesnyi*）都在的素馨属，有约37种名字中带"素馨"的植物，这些素馨花绝大部分开白色花，倒是和六月雪类似。宋代苏州人范成大，做官去了广西桂林，后又转任四川成都。此公从广西入蜀道中，写就记述广南西路风土民俗的著作《桂海虞衡志》，其中记入了素馨花。此时，茉莉方引、素馨已驯，深深庭院中才有了"素馨于时亦呈新，蓄香便未甘后尘。独恨雷五虽洁清，珠玑绮縠终坐贫"。素馨花攀垣缘篱，蕾红冠白，芬芳郁香，可惜零落深院高墙，通常不多见。

六月雪的名字很美，文字里见过无数，唯独古诗文中没有。有个十分喜欢六月雪的朋友，每年秋天或春天都在山上转悠，每次收集一大堆小苗，回家细细观察、挑选，将心仪的栽进形状各异的陶盆，精心管理，初步成型后，就将作品送给一个个来观赏的朋友，她则享受过程。每一次见面，她都会扬起生动光彩的脸，如数家珍般向我叙述，六月雪有怎样细细密密的卵形小叶；弯弯曲曲的小枝干，如何尽心尽力

六月雪的花，不尽然是雪白，志书描述的也是“花冠淡红色或白色”，真就在或花骨朵儿，或几瓣花儿，沾染着淡淡嫣紫、浅浅寞色

地托举小花；感伤如玉似雪的白色小花，又是如何经不起轻轻一弹，而整朵整朵掉下来。春天的梨花，夏季的白莲，秋日的素菊，都与六月雪无干，它无势、无香，只在自己的世界里存在，如同我那个只种六月雪的朋友，也如众生对美的欣赏态度。

六月雪的花，陆陆续续一直要开到秋后，故而，你寻或者不寻，六月雪都长在那里，绿叶白花；你喜欢或者不喜欢，六月雪就长这样，朴雅无香。默然，相对；寂静，欢喜。

百片合·两丛香

通常认为，百合就是植物学上的“百合”种，各地产品无非是冠上地方名，如宜兴百合、兰州百合、龙牙百合等。还可能时有疑惑，食用百合和百合花又是怎样的关系？是不是植物上面开的百合花供花店，下面长的百合供市场？也会好奇，为啥宜兴百合苦、兰州百合甜？

苏州人家，几乎都在大夏天吃百合绿豆汤，解一些暑气。小时候吃的百合，多半是宜兴百合，个小，非常苦。烧前，要把鳞片一瓣一瓣剥下，每一瓣朝内面小心地将尖头掰断，连带撕去一层薄如蝉翼的膜，然后将加工好的鳞片浸在清水中漂洗干净，再加入已煮得差不多酥烂的绿豆汤锅中，大火煮开，滚几滚即熄火，冷却后辅以白糖，考究的要加冰糖、薄荷，就可吃了，细品苦变甜、甜生津、软而糯、糯延绵的滋味。每一瓣都要撕啊，这是一件非常烦琐的事，也成了我夏日躲不了的家务。

卷丹

吃的“百合”是百合属一些植物的地下变态茎，谓之鳞茎。百合意为多数之“合”，那合的就是鳞茎之每瓣。夏纬瑛先生认为，“合”音与“蛤”近，而蛤是贝之一类，百合的鳞茎犹若许多蛤蜊之壳片，“百合”就是“百蛤”。《尔雅翼》的解释是：“数十片相累，状如白莲花，故名百合，言百片合成也。”李时珍释义：“百合之根（此谬，应为地下茎），以众瓣合成也，或云专治百合病故名，亦通。”不管怎样，意思基本相通，恰莲瓣洁圣。

百合属植物的花在观赏花卉界占有重要的地位，硕大，或美艳或素雅，映衬午枕梦初回、远柳蝉声杳的小情绪，应合“葳蕤摇散影，掩冉飘暗馥。百合开数花，孤芳更清淑”。观赏百合的品种，多来自本身就美丽非凡的野生种，有的是野生种直接驯化，更多的则是野生种自然杂交或人工杂交的选育物，正所谓“接叶有多种，开花无异色。含露或低垂，从风时偃仰。”被誉为“帝王百合”的中国特有种岷江百合（*Lilium regale*），由著名的植物猎人威尔逊引入英国后，被欧洲园艺学家利用而培育出了许多新品种。原产我国台湾的麝香百合（*L. longiflorum*），培育出的“香花百合”品种繁多，早已为全世界广泛种植。

食用百合

中国是百合属植物的重要起源地，现分布约55种，其中35种特有，白、黄、橙、粉、红、紫、绿色，斑点、条纹、镶边，美轮美奂。大花像喇叭、花瓣直筒仅先端外弯的，如前述的岷江百合和麝香百合；小花似钟、花瓣几不弯曲的，如小百合（*L. nanum*）、尖被百合（*L. lophophorum*）；花朵下垂、花瓣反卷的，如“花似鹿葱还耐久，叶如芍药不多深”的山丹（*L. pumilum*）、戴维神父发现及法国植物学家阿德里安·勒内·费朗谢（Adrien René Franchet）命名的宝兴百合（*L. duchartrei*）；叶片轮生、花瓣星状展开的，如德国植物学家发现、如今已是稀有濒危的青岛百合（*L. tsingtauense*）。这4类涵盖了从旧大陆到北美新大陆处处可见的百合属约115个自然种，而很多种的鳞茎都是可以食用的。

百合食用，除了烧汤，还可以煮粥，也可炒菜。煮粥配糯米、大米、小米均可，加糖或不加糖。“莫疑衰老多夸语，渍蜜蒸根润上池”。近年来“养生”大热，百合也成了健康“杂粮”，晨起，开锅将整个鳞茎洗净蒸食，亦风行。比较稀奇的百合饮和冰镇百合，前者将煮熟的百合加水打浆作热饮，后者将生百合瓣瓣剥离，洁白鲜嫩展示在晶莹剔透的冰座上，吃时蘸上蜂蜜或炼乳，如是，凉拌生百合瓣应该也是可以的。菜市场里，还可以见到一种如大黄豆般大小的物品，深紫红色，细看形态，如缩小了的百合鳞茎，这是卷丹（*L. tigrinum*）的珠芽，长在地上茎上部的叶腋里，这是一种长变态了的侧枝，种在地里能长成新的植株，而且也是能煮汤、做饭、炒菜吃的。

古时，人们对百合种类的认识模糊，故而描绘出诸多类百合花的形态，比如香花的花种，陆游咏：“余地何妨种玉簪，更乞两丛香百合。”垂头的花种，洪咨夔吟：“叶聚棱棱峭，花垂娜娜稠。”多样的花色，董嗣杲颂：“青苍暗接多重叶，红白争开五月

凉。”百合近缘的山丹，苏东坡赞：“堂前种山丹，错落玛瑙盘。”另外，严兆鹤有诗：“学染淡黄萱草色，几枝带露立风斜。”韩维亦曰：“叶间鹅翅黄，蕊极银丝满。”这描写的则是一种淡黄色的百合花，在中国分布的自然种中，只有产自四川、云南和西藏一带的尖被百合、金黄花滇百合（*L. bakerianum* var. *aureum*）有淡黄色花，显然不是大众通常可见的观赏种。而最常见的野百合（*L. brownii*）及相近种，花色乳白但偶有淡黄，或许是因为花冠筒内具淡黄色晕染，使得花错黄颜。明代以前的本草如《唐本草》《图经本草》《本草衍义》等也都描述了百合、卷丹甚至更多形态类型，但大多混为一谈、分种不清。

国内通常的食用百合，当数兰州百合、宜兴百合、龙牙百合。其原植物分别是川百合变种兰州百合（*L. davidii* var. *willmottiae*）、卷丹、野百合变种百合（*L. brownii* var. *viridulum*）的鳞茎，其中兰州百合和卷丹的花很像，只不过前者没有珠芽，后者有。对应的物种不同，甜苦口味当然不同。除了这3种，毛百合（*L. dauricum*）、渥丹（*L. concolor*）、东北百合（*L. distichum*）、南川百合（*L. rosthornii*）、美丽百合（*L. speciosum* var. *gloriosoides*）、山丹的鳞茎也可食用。如今的宜兴百合，鳞茎越来越大，味道也越来越不苦，和传统的宜兴百合大相径庭，怀疑种类是否发生了变化。调查显示，过去宜兴百合多产自渎区（太湖边夜潮土区域），现在逐渐转向宜南的山区种植，卷丹还是那个卷丹，土质、环境的变化自然就导致了产品品质的变化。大了甜了，鳞茎的商品性大大增强，但致苦的生物碱含量降低了，民间所说的“药效”可能也就减弱了。

“荷春光之余照，托阳山之峻趾，比蓂荚之能连，引芝芳而自拟。”唐朝诗人王勔的《百合花赋》，给这种植物致以了崇高的敬意。夏季，百合收获，助力人们抵暑；秋天，栽培播种，期盼生命重生。六月里，野生的百合花摇曳了一个春末的灿烂，也即将进入果熟鳞茎肥的季节，不同的是，花开花落、自生自繁，无人打扰。

梅雨·人家·瓦旧·松深

梅雨总是急至骤停，却将湿黏填满分分秒秒。小暑的一声惊雷，让这个雨季不知会在何时停歇。庄子认为"种有几，得水则为继"。那么，到了梅雨季节呢？陆游道："小雨初收景气和，青苔狼藉落梅多。"野地里的蘑菇疯长，家里的真菌也在疯长。这个季节，最别致的自然是雨中的江南建筑，本就有的白墙黛砾，透湿的瓦当坠落下雨珠，浸染得地砖黑里透亮，也晕染得绿叶青翠欲滴。

现代建筑多高楼平顶，除了保留下来的一些古镇外，城里已是难得见到瓦屋。阖闾古城，如今也只有平江路、山塘街，还能寻觅些旧时姑苏的韵味，小桥、流水、过街楼、沿河人家，虽是拆旧修旧，但楼楼栋栋终归梁是梁、瓦是瓦，当然还有苏州园林的厅轩、船坞、飞檐亭，这些独特的结构和建筑还原了闲适富庶的江南风情。重建的平江路遗留的韵味，只有边边角角的残迹，但络石附砖、紫堇踏壁，樱花穿檐、桃花出墙，仍让我感悟疏离了的朗月清风，也会忆起母亲讲述她的少年时代，在平江河支流沿岸小石子街故居，平和而艰辛的生活。

城里少了瓦房，就少了瓦，也就难得见到屋上奇殊瓦松（*Orostachys fimbriata*）。几根与文字象形的灰棵，落户瓦隙，草本的通讯录上，写着满满的别名；还有几只深谙民谣的麻雀，安家房檐，叽叽喳喳，飞出飞进，穿行在炊烟里，把有花没花的瓦松当作了庭院的标志。兜兜转转在藕园黑瓦白墙外沿，柳丝青绿、桃花迷离的河浜驳岸，护围着城市中心的纵横水网，也画出了一条烟水春秋的平江路，上塘人家枕河，下塘商贾凭水，喧闹中见深沉、繁华中见幽古。穿行其中，偶见瓦上摇摇曳曳的淡青色，至少，人少时心静如轻烟，人杂时思远觅青痕。

瓦松，别名瓦花、瓦塔、昨叶何草，两年一开花，两年一轮生命。初生第一年，数枚叶片聚集，似莲花呈佛座之形（瓦花），不开花不结实；第二年，自莲瓣中央长出不分枝的花茎，至深秋似松果作层叠之态（瓦松），或挺立如塔（瓦塔），开淡粉色小花，花后生果结种，植株即死再不复生。初唐文学家崔融的《瓦松赋》写道："崇文馆瓦松者，产于屋溜之上……俗以其形似松，生必依瓦，故曰瓦松。"唐宋以前，古人不了解瓦松的两年异形，将一年生的定名"昨叶何草"，二年生的才叫瓦松，"昨叶何草生上党屋上，如蓬。初生高尺余，远望如松栽"。到了宋朝，沈括的《梦溪笔谈》明确勘误："瓦松自名昨叶何，成式亦自不识。"可为啥叫"昨叶何草"呢？查不到出处，难道是"前期这样的小草是什么"的意思吗？这倒有点自知之明，似乎透露了古人对瓦松不一形态的困惑。

陆游诗云："人稀土花碧，屋老瓦松长。"黄梅季节，站在屋檐下，看雨水浸透隔壁人家的房顶，那些老屋椽头及海青色的瓦垄间生出一些草，间或几株灰白色的瓦松，或者密密的晕染出一层蓝幽幽的瓦松丛林，在风中摇着高茎，是自在的，也是寂寞的，数着雨裹坠落的种子，听着烟飘弥漫的草音。黄昏雾浓，趟着一巷的雨水声，在青布伞的顶端，你可以听见瓦松呢喃，说昨叶、诉明花、谈莲瓣、话松茎；清晨水浅，伴着半担梅果，在叫卖声的空隙，你可听见瓦松歌声，唱春花、和凉风、吟秋月、诵冬雪。

瓦松是佛家的爱物，寺庙特别是深舍远堂的门楼、殿顶，都有这种草，这些高可半米的瓦松，与寺内佛塔的形状，远看真的神似。“南朝四百八十寺”中位列第一的南京鸡鸣寺，每次去都可见古老的佛塔上长着丛丛瓦花；仅存的唐代四大昭庆寺之六安昭庆寺，大雄宝殿顶瓦间随处可见瓦松的身影。至于遍布寺院的苏州，西园寺、定慧寺、报恩寺（北寺）、寒山寺、灵岩寺等，更是华省秘仙踪，高堂露瓦松。寻常人家不喜爱瓦松，时常会在修缮屋顶时，将其清理一空。若是破庙败村，漏室残屋，少有烟火人迹处，则瓦松繁茂。瓦松开花正值深秋，千木凋零、冻雨萧瑟，于是“别来秋苦雨，但觉瓦松长”。然另言，则是“芳不为人，生不因地”。正如其名字，青瓦无言，寒松独立。

崔融有著名的《瓦松赋》：“煌煌特秀，状金芝兮产溜；历历空悬，若星榆而种天。苯蓴丰茸，青冥芊眠，葩条郁毓，根柢连拳。间青苔而裛露，陵碧瓦而含烟。春风摇兮郁起，冬雪糅兮苍然。”瓦松类的植物全世界有13种，中国有8种。其实，瓦松不只长在瓦上，山坡石上和树干上也可以长。有一次回家乡出差，闲暇时去了久未至的沧浪亭，这是苏州最古老的一所园林，借景融石木，漏窗透光影，复廊连山水。走在临水的外复廊，远处淼粼细波，近处凭岸湖石间，见到很多肥叶的瓦松，而且五彩斑斓。复廊那一边假山下，有树上掉下来的枝条，上面竟然也肆意长满了苔藓、蕨类和瓦松，可见瓦松至于瓦，只是极端生态之无奈。

瓦松

梅子可作酒，瓦松更入药。瓦松作为药用植物，正式记载始于《唐本草》《无锡史志》上有个故事，一对相亲相爱的跳蚤，被农人设计而亡，农人将它们放在窗台的一处缝隙里，在上面盖了一片薄瓦，三年之后，那里长了一株瓦松草。许是跳蚤的施毒吸血，才转世为清热解毒，止血消肿的草药。“琼枝浑似不经风，赤胆何妨济世穷。利斧骄阳双洗礼，一株灵药荐神农。”说的就是瓦松。

“绕池墙藓合，拥溜瓦松齐”。我常常做梦回到故乡住过的小洋楼，红瓦间隙，也有着零零星星的瓦松。那时侯，每个同学家都是黑瓦的老屋，因此，瓦松绝非稀罕物，只是被忽略着。然后，渐渐没了瓦屋，渐渐没了瓦松，我家的小洋楼也被翻盖成五层的公寓楼。前些年回老家，从住的三楼往下走时，瞥见后院平屋顶水泥块缝间，茁壮生长着很多棵久违了的瓦松。瓦没了，物种还在，生长环境也就跟着变，这是顽强的生命，是眷恋着故土的植物，也是那渐行渐远的梦中的瓦松。

细雨熟梅青黄

梅子熟了，青涩毛茸变成了甜酸晶莹，稍微摇一下树，一地红黄。小暑节气的“梅雨”，典出梅子成熟季节，也是长江中下游地区独特的季节。这样的季节，阳光中会有暴雨，酷热下也有凉气，花伞成了摆设，心情孕育烦闷。唯独林下的蘑菇、溪边的蕨草、墙上的苔藓，因了这充沛的水分，绿得更亮、黄得更鲜。

梅子是梅（*Armeniaca mume*）的果实，花梅看花，果梅采果，但花梅也是会结果的，只是不堪食。早春的光福邓尉香雪海，被明代著名文人姚希孟誉为：“梅花之盛不得不推吴中，而必以光福诸山为最。”红苞稳蕾，绿萼展瓣，粉花吐蕊，丘上丘下，一片春光，人比花多。陈俊愉教授曾经把花梅分为4类变种，一为枝条直立或斜展的直脚梅（var. *mume*），二为枝条下垂成独特伞状树姿的照水梅（var. *pendula*），三为枝条自然扭曲如游龙的龙游梅（var. *tortuosa*），四为枝叶似山杏的杏梅（var. *bungo*），这个变种可能是杏与梅的天然杂交产物。

寻常人看花，不管什么类、什么种，好看即可，喜欢便是。梅花报春，人们蜷缩了一冬的情绪，正好借着看春的理由，出野宣泄一番，即使是去看个不起眼的青菜花，何况梅花还可观可赏。“众芳摇落独暄妍，占尽风情向小园。疏影横斜水清浅，暗香浮动月黄昏。”梅花的美，简陋、朴素，故疏影参差，略呈秀色；梅花的香，低调、寻常，故暗香隐约，敢试真味。

对应了花的四类，我园老前辈曾勉教授又将果梅大致分为三类：一为白梅品种群，果实黄白色，质粗味苦，核大肉少，供制梅干用；二为青梅品种群，果实青色或青黄色，味酸稍带苦涩，供制蜜饯用；三为花梅品种群，果实红色或紫红色，质细脆而味稍酸，供制蜜饯用。第三类为上等果梅，但此花梅不同于观花的花梅。青梅可采，在四五月间，早于其标志的梅雨季，“丹杏碧桃浑落尽，绿阴低处结青梅”。

走路上班的那些日子，天天穿过梅花谷，看一年四季的梅树，花谢了萌叶再萌果，果大了变青再变黄，黄落了绿叶密棵，蕾着了红花俏枝。青果子长在树上，黄梅子落满一地，捡过尝过，酸涩难忍，不知这黄果并不是那青梅。古诗词人对青梅、黄梅一样看重，赞美不知其数，左一句“粉墙闲把青梅折”，必定右一句“瓣香问信黄梅熟”。不过，对青梅，写的多是梅子，而对黄梅，写的更多是雨季。

老字号苏州采芝斋糖果店，除松粽糖、轻桃糖等特色糖果外，最出名的是蜜饯，而蜜饯中，最有名的就有原料为梅子的苏式话梅和脆梅。采芝斋的蜜饯制作历史，据说可上溯到三国时代，清代是其鼎盛时期，原料主要来自城郊的洞庭东山西山、光福等。软瘪闪金泽的话梅，甜中带酸，生津回味；饱满显青色的脆梅，咸中带甜，爽口清舌。一把盐，几把糖，就把梅子留给苏州人一个夏天。苏式话梅的制作，加了甘草、砂

梅花

糖、香草油，盐渍、漂洗、晒制、浸渍、拌料、晒坯、喷油，这样的过程还可以千变万化，直至出品不同口味、规格、风格的品种。脆梅制作似乎除盐、糖外，没有其他配料，方法也简单，盐腌过后重复好几次糖渍过程，其实家庭自制的脆梅是腌菜黄色的，店里买的那么青翠，是加了绿色食用色素的缘故。

古代，以青梅煮酒为时令风俗，文人雅士多好此一口，晏殊“青梅煮酒斗时新”，谢逸“谩摘青梅尝煮酒”，方回“何处青梅尝煮酒”，司马光“手摘青梅供按酒”。如今的青梅酒，早已弃煮行泡，尚留些痕迹的是喝黄酒时，放几颗话梅煮一煮。梅子洗净晾干，倒上满满的白酒，使青梅完全浸没密封，让酒香与梅香在瓶子里交融、变化、成长，三个月后就成了青梅酒，兼容了水果酒的甜柔及蒸馏酒的浓烈，令人沉醉。干梅果酿就的叫梅子酒，鲜果酿就的则叫青梅酒。

传统的梅酱腌桂花，如今在苏州几近失传。做梅酱腌桂花，当然要先有梅酱，梅酱不是稀罕物，各地有各地的做法，苏式的一般将梅子洗净去蒂，用盐水泡一晚，再将泡好的梅子加水和冰糖上锅开煮，冰糖可以边煮边加，直到适口，最终熬至焦黄色，挑去核，装瓶或罐。紫苏可助做梅酱，清代顾仲的《养小录》中记载：“三伏取熟梅捣烂，不见水，不加盐，晒十日。去核及皮，加紫苏，再晒十日收贮。用时或盐或糖，代醋亦精。”梅酱可以冲饮，亦可以做菜，但苏帮菜中似乎用的不多，粤菜中吃烧鹅是一定要配梅酱的。

苏州光福镇有古老的谚语“种桂必种梅”，所以有了梅酱，岂有不做腌桂花的道理。其实，“桂花”不是真正的植物学名，而是木樨属所有开着类似木樨（*Osmanthus fragrans*）花的植物的总称。木樨品种极多，主要有金桂、银桂、丹桂、四季桂4大类。

“数尽落红飞絮，摘青梅、煮酒初尝。
重门静，一帘疏雨，消尽水沈香”

简单分分，金桂花色浓黄，银桂花色淡黄，丹桂花色橘红，四季桂花色类银桂，但四季开花、簇小朵散。金桂最灿烂，叶密千层绿，花开万点黄；银桂最芳香，广寒香一点，吹得满枝银；丹桂最别致，涩雨轻落，一地猩红。但是，在光福人看来，丹桂、金桂空有“颜值”，只有最香的银桂才是做腌桂花最好的原料。采花人或在胸口挂上一个布袋子，借梯登高，用指尖轻掐桂花根部，一朵一朵地摘下；或在怒放的桂花树下铺一块白布，用竹竿将花打落，集花入盆，加点盐加点梅酱，浇满枸橘汁（植物名枳 *Poncirus trifoliata*，像野橘子一样的芸香科植物，不可即食），压上石头，半月后把咸的漂掉，再加糖，便成。

每次回苏州，总会游走在故乡的园林、护城湖边的茶室，所有花季雨季的心事都会变淡、放下。一杯碧螺春，几盘坚果茶点，间或有采芝斋或者稻香春的话梅和脆梅，倚花窗望去，月门窥花，翘檐承风，太湖石成山嶙峋，络石藤攀岩芳芬，三五亲人好友，在这里可清谈消闲半日。清代汪琬的《再题艺圃》如是描述苏州园林：“隔断城西市语哗，幽栖绝似野人家。”这是相聚的最好去处，不热闹、不拥挤，就像满山花落尽后安静陪伴果子成熟的梅林。

点得清香入冰凉

大暑，朝景枕簟清凉睡，午餐鱼肉一两味，夏服蕉纱三五事。若是有一碗冰凉沁脾的凉粉，便更可热散由心静、凉生为室空。大江南北、长土东西，所有叫“凉粉”的食物可分为两大类。

一类原料为粮食（有时也可叫凉皮），常见豌豆白、荞麦黑、蚕豆黄、绿豆绿，当餐经饿、小吃解馋。如果有幸遇见，还可尝到川北的大米凉粉、潼关的红薯凉粉、晋中的小米凉粉。凉粉的风味精髓一大半在加入的调料，各有各的点睛之笔，如川北的豆豉酱、云南的酸萝卜汤、湖南的腐乳汁、山西的豆干和熏鸡蛋等。这类凉粉类同《东京梦华录》里描写的汴梁细索凉粉，其制作、食法无出左右。如今，苏州、南京也能吃到这种凉粉，不明原料的白色略透明条状物，放些黄瓜丝、绿豆芽、水面筋丁，盐、糖、醋、鸡精、辣椒水、香菜之类一拌即食，少了土生土长的灵魂，绝谈不上美食。

另一类凉粉的原材料为植物，常见的有薜荔（*Ficus pumila*）凉粉（木莲冻）、假酸浆（*Nicandra physaloides*）凉粉（冰粉、石凉粉、木瓜水）和凉粉草（*Mesona chinensis*）凉粉（仙草）。早年的江南人家，凉粉是奇物，粮食类的凉粉从来家食桌不上、街市无销售，但植物凉粉也是闻所未闻的。那时，偶尔吃到的凉粉叫“洋菜”，大人们从店里买来透明干燥原料，煤炉上水烧开，将原料丢入融化，冷却，刀划成小块，然后用橘子粉冲成饮料浇入，就可以吃了。若将饮料装瓶吊入井里，拿起来再冲，就可吃到冰冻凉粉了。这式样的凉粉是提取自江蓠（*Gracilaria*）、紫菜（*Pyropia haitanensis*）、石花菜（*Gelidium amansii*）等海藻的琼脂，我国台湾的“菜燕”、香港的“大菜”都是这类。近年走红的“寒天”，卖点为来自深海里的红藻，和前面这些一样，无非是不同藻类的提取物。

人小，大人说怎么吃就怎么吃，长大后想想，冲入琼脂的饮料其实可以有万千种变化，采芝斋的酸梅汤、自制的绿豆汤都可以，如果加入冰的鸡汤或酸菜鱼汤，也应该是可以的吧。但植物凉粉，是在我专业学习植物学及出野外走南闯北后，才真正认识的。如今，薜荔凉粉和仙草凉粉是在乡村品尝过的，“冰粉”在成都火锅店吃过，只是一边体验“冰火相融”，一边嘀咕这冰粉是否真是假酸浆籽做的。

苏州的城里城外都可以见到薜荔，缘木攀壁，垂石披墙，金门城门头和各城门的城墙上，就有生长年代很久远的大藤。记得中学时班级活动去灵岩山，在峰顶馆娃宫山墙外，铺地尽是绿蔓，一只只小青“果”结满，那是我第一次看到薜荔“果”。无影而就、无花而实，苏州人称“鬼馒头”，听之看之森森然。读了植物学，才明白那花托中的世界，亦是花开安好，雌雄相谐，只不过与人无干。

“根随枝蔓生，叶侵苔藓碧”的薜荔分布甚广，华东、华南、西南都可见，因而薜荔凉粉分布的区域就广些。我国台湾的“爱玉冰”，原料爱玉子（*F. pumila* var. *awkeotsang*），是薜荔的变种，区别在爱玉子“果”圆柱状，顶端渐尖，薜荔“果”梨形或球状，顶端截形或脐状。为啥果要带引号？因为薜荔碧绿盈紫的“果”不是真的果实，而是膨大的花托，真正的果实藏在植株有雌雄之分的雌株结的“无花果”（隐头花序）中，而这些小小的、真正的果实才是做凉粉的原料，老百姓称之为“无花果的籽籽”。

薜荔

假酸浆

提到薜荔，必有人会引证《九歌》的经典句子："若有人兮山之阿，被薜荔兮带女萝。"其实，此薜荔非彼薜荔，这是一个多年来的错误。春秋时期，管仲曾选出5种气味奇异的香草，号称"五臭"，薜荔位居首位。至东汉，王逸在《楚辞章句》中明确"薜荔，香草也"，现代的薜荔则无香。《红楼梦》大观园宝钗的清凉瓦舍"蘅芜苑"，牵藤引蔓，垂巅穿石，攀檐绕柱，萦砌盘阶，"蘅芜满静苑，萝薜助芬芳"。如是说来，这个院子的"薜荔"应是某种香草，而不是带有幽荒清野味的薜荔。

战国时期屈原的《离骚》有“贯薜荔之落蕊”，薜荔隐花怎有蕊可串？到了唐代诗人们的句子中，更是五花八门，徐锴有“雨久莓苔紫，霜浓薜荔红”，皮日休有“暗数菩提子，闲看薜荔花”，薜荔常绿，何来霜红？薜荔匿花，何处闲看？骆宾王亦云：“薜荔，香草，本草络石也。在石曰石鲮、在地曰地锦、绕木曰常春藤、又曰龙鳞，薜荔又曰扶芳藤，今京师人家假山上种巴山虎是也。”这还如何判断？倒是明朝有个明白人杨慎，认为“凡木蔓，皆曰薜荔”，将错就错地定论了。

在这混而乱、错而杂中，有一条线是清晰的，并且与现代的薜荔同，开始于与唐代诗人们同时期的陈藏器所著《本草拾遗》，云：“薜荔夤缘树木，三五十年渐大，枝叶繁茂，叶圆，长二三寸，厚若石韦，生子似莲房，打破有白汁，停久如漆。中有细子，一年一熟。”宋吴仁杰疏、明屠本畯补的《离骚草木疏补》释义薜荔：“似莲房，中有

仙草冻

细子，上锐下平，外青，霜则瓤红，常为鸟乌所啄，童儿亦食之。”至李时珍的《本草纲目》更明确：“薜荔延树木墙垣而生，四时不凋，不花而实，实大如杯，微似莲蓬而稍长。”清代的《植物名实图考》则称：“俗以其实中子浸汁为凉粉，以解暑。”

做酸浆凉粉的假酸浆，茄科植物，原产南美洲，引到中国栽培，起先是为了药用或观赏，不知哪年哪月逃逸到野地，在云贵川藏就成了归化野生植物。有一年夏天去云南野外采集，正是假酸浆开花时节，遍地都是。大约在明清时期，四川彭山县人发明了用假酸浆籽做冰粉，从此，这种小吃就开始活跃于西南地区，伴着蝉鸣和树荫的夏日。冰粉制作关键是“点”，类似做豆腐，民间点物一为茄子，一为牙膏，茄子点来微紫色，牙膏点来则无色。如果在原液中加入不同色彩的水果汁，冰粉自然也就五彩缤纷了，不管怎么变化，冰粉之妙当在其冰雪晶莹、无瑕剔透。红糖水、玫瑰瓣、桂花蜜、薄荷汁，是当作甜食的冰粉的标配，至于芝麻粒、花生碎、山楂片、葡萄干、葵花仁、红豆泥等，随口所欲。

从西南转向华南，仙草凉粉呼之欲出。唇形科的凉粉草是主角，大米是促凝固的配角，仙草熬煮，成胶得仙草冻，鲜草做的青色，干草做的黑色。材名凉粉，冻名凉粉，不过仙草凉粉却是可以热食的，就是如今全国各地的甜品店都有的“仙草”“芋仙”之品，只不过有的取仙草冻，有的取仙草汁，春夏秋冬，各得其宜。

南宋林洪的《山家清供》中有一种“素醒酒冰”，用米泔水泡琼脂洋菜，曝以日，频搅，候白洗，捣烂，熟煮取出，关键是投梅花十数瓣，候冻，姜、橙为鲙齑供，然后就有了色、相、味、香、品。这个冰，不就是苏州人吃的洋菜凉粉吗？春蔷薇芍药，夏荷莲槿朵，秋桂花芙蓉，冬蜡梅兰萼，待到花开花谢时，怎可不点得清香入冰凉？

夏来薄饭频寒菹

苏州人家大暑天的餐桌上，有清炒绿豆芽，有火腿蒸千张，也会有盐水煮毛豆或者糟虾、糟鹅、糟肉之类，但是最受欢迎和魅力常在的，则是一碟清鲜的雪菜肉丝毛豆，或者一碗乌黑的霉干菜蒸肉，或者一盆酸爽的冬瓜番茄咸笋汤，所谓“饭中鱼肉不如一口咸菜”。

雪菜、霉干菜、咸笋均为浸透中国文化的食品，古称咸葅（亦作咸菹），泛指腌渍的菜蔬，老百姓称之咸菜。不同于经过发酵的泡菜（通常密封），也不同于用酱或者酱油腌制的酱菜，咸菜就是开放式的，只用盐腌制的食材。儿子小的时候，带他的安徽保姆，曾经教我做过一种菜，将豇豆洗净、切段，用凉开水冲几遍，然后放入大碗，倒入凉开水，没过豇豆盖上另一只碗，五天后取出洗净炒食，美美的酸酸的。现在想来，这种食品实为泡菜（烧酸菜鱼的潮汕酸菜也为此类），而不是咸菹。

荠菜

《说文解字》曰："菹，酢菜也。"而"酢"原意酸味或通"醋"，现代"酢菜"又指如泡菜的发酵品，如云南的茄子酢、湖南的辣子酢等。《周礼》记载："凡祭祀……以五齐七醢七菹三臡实之。"郑玄注："七菹：韭、菁、茆、葵、芹、落、笋。"其中茆是莼菜（*Brasenia schreberi*），葵是葵菜（植物名冬葵*Malva verticillata* var. *crispa*）；落一说是落蘠即菊花（*Dendranthema morifolium*），一说是水中的一种绿藻。古书中还出现过瓜菹、瓠菹、苋菹、昌（菖蒲）菹、桃菹、梅菹等，查很多解释，都说是腌菜，但《诗 · 小雅 · 信南山》有："疆埸有瓜，是剥是菹，献之皇祖。"

因此，我想最古时代的“菹”可能并不是指腌制物，而是祭祀礼仪食品的称谓，比如莼菜之类似乎不可能被腌制而食。渐之，“菹”变指酸菜，如《荆楚岁时记》曰：“今南人作咸菹，以糯米熬捣为末，并研胡麻汁和酿之，石笮令热。菹既甜脆，汁亦酸美。其茎为金钗股，醒酒所宜也。”这种酸菜因用了糯米等淀粉，会产生发酵，如今腌制时放入面粉的朝鲜族泡菜，即属于此类而为真正的“酢”。

但无论怎样，咸葅（咸菹）一定是指腌菜，“仲冬之月，采撷霜燕、菁、葵等杂菜，干之，并为咸葅”。咸葅又名寒葅（寒菹），四川作家流沙河曾考证，认为“菹”是川人称为折耳根的鱼腥草（蕺菜），“寒”作凉解，“寒菹”即凉拌折耳根，出处是《苏沈良方》：“蕺菜生湿地山谷阴处，亦能蔓生。叶似荞麦而肥，茎紫赤色。山南、江左人好生食之。关中谓之菹菜。”然，唐代卢纶：“寒菹供家食，腐叶宿厨烟。且复执杯酒，无烦轻议边。”南宋舒岳祥：“冻芋共煨须熟火，寒葅对嚼欲生冰。”前者河北保定人，后者浙江宁海人，均不是鱼腥草食区，故我以为寒葅可能仅是咸葅的音错，毕竟很多地方的方言中“寒”“咸”是不分的。

做咸菹的原料多到难以想象，就地取材是宗旨，顺手拈拈就是。最常见的是十字花科的芥菜（*Brassica juncea*），包括了芥菜原种以及它的一些变种，如雪里蕻、榨菜、大头菜、芥菜疙瘩、金丝菜等，甚至还有野芥菜，都是咸菹最功勋的原料。腊月一到，苏州的菜市场就出现了一种植株高大、叶子毛糙的蔬菜，购买的人开着轿车、推着自行车、拉着小板车，成捆成捆往家搬。与此同时，它们又出现在窗台、街边、空地，铺天盖地晾晒着。过了不久，开始腌制，腌芥菜技术不仅是中国的独特发明，更是老百姓比拼手艺的项目，因而有了腌咸菜的“香手”“臭手”之分，即便大量腌制芥菜时用得最多的是脚。又过不了多久，青色的腌菜就出现在市场上，以炒三冬、炒肉丝的形式活跃在春节的餐桌上，及至春天、夏天，深褐色的腌菜带水的、干燥的、极度干燥的（霉干菜）大量出现，林林总总、断断续续补充着老百姓整年的餐桌。

芥菜，由黑芥（*B. nigra*，小亚细亚、伊朗起源）与芸薹（*B. rapa* var. *oleifera*，地中海沿岸起源）杂交形成，在中国却演化出了根用、茎用、叶用、苔用、芽用和子用6大类。品种雪里蕻是最常见的叶用芥菜，大头菜（著名成品有云南玫瑰大头菜）是根用芥菜，变种榨菜（*B. juncea* var. *tumida*）是茎用芥菜，而做黄芥末的原料是子用芥菜（芥末有黄、绿之分，黄芥末原料是芥菜的种子，而绿芥末原料是山萮菜的根茎）。宜兴有一种瘤芥菜，春天上市，每个叶片中下段带一个瘤但绝不似榨菜，一般用来与竹笋相炒，吃口有点苦，也能腌制，腌瘤芥菜和红辣椒炒食，是早餐就粥的美味。薹用芥菜又叫儿菜，形态如芥蓝，以肥嫩的花薹和嫩叶供食用，脆嫩香甜。野生芥菜，近年来已经成为蔓延至甚的杂草，老百姓也拿来炒食或腌食。

所以，芥菜的形态、品种太多太多，《广群芳谱》列出清朝出现的芥菜品种，有青芥、紫芥、白芥、南芥、旋芥、马芥、花芥、石芥、皱叶芥等。究竟是否都是芥菜，有待考证。老百姓们可不管这些，他们自己有自己的分类标准，“雪里蕻”“大头菜”千年百代叫下来，多亲切、多贴切！事实上，芥菜在中国栽培的历史确实很悠久，西汉《礼记》已经提到芥末酱，并有“脍，春用葱，秋用芥”；东汉《四月民令》记载了“四月芜菁（植物名蔓菁*B. rapa*）及芥”，而且有种、收芥菜的详细方法；明代王世懋撰《瓜蔬疏》述及根芥菜；明代李时珍《本草纲目》谈到了薹芥菜。

做咸菹，除了芥菜，有的地方用白菜，有的地方用萝卜，吉林延边有咸蕨菜，湖北建南有咸青菜，云南开远有咸藠头，江苏扬中有咸秧草（植物名南苜蓿，*Medicago polymorpha*，又叫金花菜、草头），苏州周庄、同里的水苋菜（阿婆菜），是用青菜地方品种苏州青的菜薹（苏州人叫“菜箭”）腌制的。苏州有种“咸白菜”，则是用长梗品种的青菜腌制的；在宜兴合作基地，我还吃过西蓝花花柄腌制的咸菜，从缸里湿漉漉捞出，凉开水冲冲，切片，加麻油、糖即食用。品尝咸菜的时光，就是“茶供含秋露，菘菹带早花”的意境。

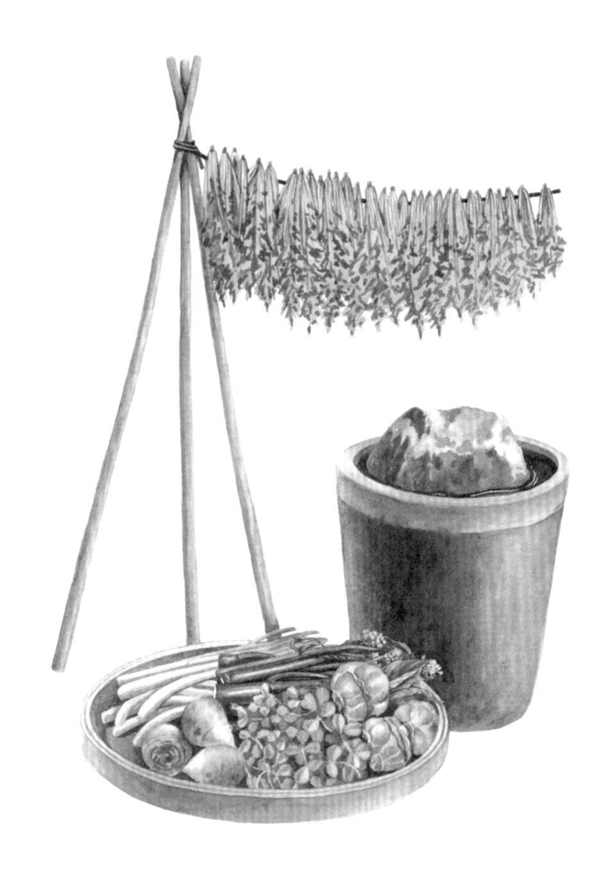

苏州有种“咸白菜”，则是用长梗品种的青菜腌制的

还有一种称为“暴腌”的方法做成的食材，我觉得也应该属于咸菹的范畴。所谓暴腌，就是盐腌时间长则两三天，短则数小时，比如人人皆知的凉拌黄瓜，就是黄瓜用盐腌制极短时间，挤去盐水加调料食用，类似的还有早春的莴笋丝、盛夏的西瓜皮、晚秋的萝卜片、隆冬的白菜条。苏州人暴腌青菜的花头最多，春季青菜去皮“菜箭”老茎，冬季大青菜的菜梗头（茄瓢头）、菜梗，均能用盐腌一晚上，早上起来凉开水一过，滴入酱油、麻油，加点白糖，就是很好的就泡饭小菜，脆嫩鲜香，还带些黏汁。冬季大青菜、莴笋的叶切细，用盐抓几下，便是“盐齑菜”，放置一会，就可爆炒辣椒、毛豆、肉丝等。

腌制长时间的菜品，腌好后还有很多不同方法的后续加工，比如腌雪里蕻，就有水咸菜、干咸菜、霉干菜之分，其实指的就是不同的加工品，无非是晒不晒、晒几次之类的。这样的腌菜，一般不能生吃，而要延伸至菜肴里，成就了无数名菜，比如苏帮菜中的经典“雪菜豆瓣汤”（此“豆瓣”为塘鳢鱼的鳃帮肉）、炒三冬（冬菇即香菇、冬笋、冬菜即雪菜）、雪菜炖老豆腐等，宜兴人的呱唧菜和烧田鸡也是断断少不了雪菜的。

“菹有秋菰白，羹惟野苋红”。很多时候，咸菹是一道风景，比如吃霉干菜，就会想到乌柏树，以及乌柏树下的风波和喋喋不休的九斤老太；吃水苋菜，就会幻见摇橹船，以及石拱桥下的水流和平静安宁的临河人家。“餐酪供晨钵，菹芹荐晚樽”。一碗清粥，些许馒头，一碟腌芥菜，寻常人家的日子，就像咸菹，平凡如菜芥，也被芥菜调味着，但却是一年四季有保障，让人安心。

花轻，茶重，风吹清露

闲来，坐在窗前，泡一壶茉莉花（*Jasminum sambac*）茶，花香透过茶汤弥散，澄澈、轻灵，独看朝霞明月。苏州的茉莉花茶十分有名，早些年，沪宁铁路的火车途经虎丘山麓，可以看到一间间玻璃花房，即培养茉莉花的温室。父亲的回忆录《山塘河的情忆》，记叙了他生活、成长的星桥下塘，夏季傍晚，一只只满载着茉莉花的小船从虎丘山麓出发，在老屋门前的山塘河里排成一条长龙，浩浩荡荡，急急摇向茶叶行集中的杨安浜。有时花行老板和茶叶行老板价格谈不成，船队回家摇过新民桥洞后，就把二三个小时内将要开放而不能再窨茶叶的茉莉花，大筐大筐倾倒在河里，花漂满水面，清香四溢。沿岸的住户们用竹篮打捞，放到铺着草席的床上，到晚上就躺在花上，河面、河岸、家里、床上，花天花地。

花作饮，起源于何时颇难考证，但自东汉时期集结整理成书的《神农本草经》开始的历代本草，“作汤代茶”字样常常可见，就像现代见花即茶、言花茶即养生之

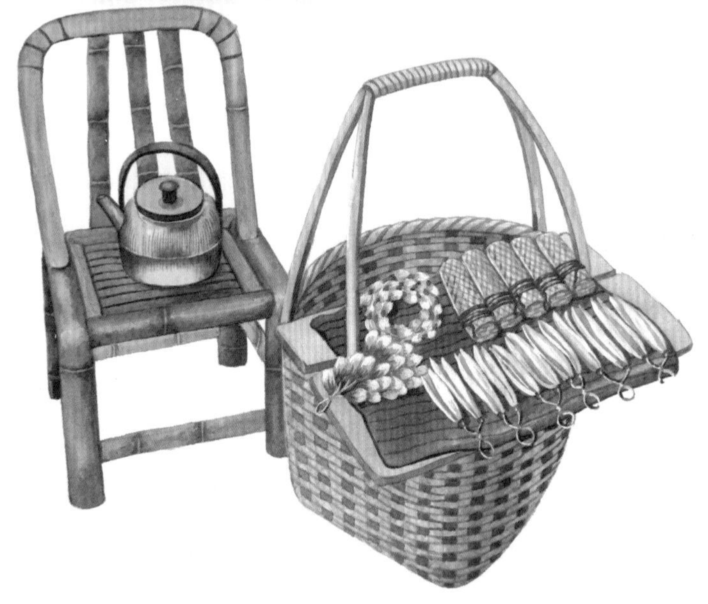

大谬，其实大部分写“作汤代茶”的实为中药汤剂，甚至有毒，而非日常饮品，如唐代《日华子本草》记载木槿花：“作汤代茶，治风。”清代《广群芳谱》记载秋海棠“浸花水饮之害人”。但是，有些花确实是可以养性怡情，体现生活的悠闲与优雅的。

鲜花作广义的“茶”，有几种形式，一曰“露”，一为窨茶，一是泡或配茶。清人顾仲《养小录》记载：“充分发挥烧酒锡甑、木桶减小样，制一具，蒸煮香露。凡诸花及诸叶香者，俱可蒸露。”即为鲜花的蒸馏液。还有一种露，如清代李渔《闲情偶寄》曰：“花露者，摘取花瓣入甑，酝酿而成者也。”《本草纲目拾遗》“水部”记载了一些花露，比如金银花露、桂花（木犀）露、玫瑰花露、兰花露、茉莉花露、梅花露、白荷花露、甘菊花露等，但因是药书，多少还是记载了各自的功效，其中的一些具备了“茶”的功能，如兰花露之清郁、白荷花露之清暑、甘菊花露之清心、木樨花露之清气。当然，还因是药书，如同“作汤代茶”，一些“药露”还应慎用，甚至茉莉花露亦“止可点茶，不宜久服，令人脑漏”。

《红楼梦》第三十四回，宝玉被父亲贾政一顿暴打后，时而清醒时而昏迷，袭人跑去告诉了王夫人，王夫人告诉她，自己那里有几瓶清露，便叫自己的丫鬟彩云拿了过来。袭人看时，只见两个玻璃小瓶，却有三寸大小，上面螺丝银盖，鹅黄笺上写着“木樨清露”，那一个写着“玫瑰清露”，袭人笑道：“好尊贵东西！这么个小瓶儿，能有多少？”回到院中，宝玉方醒，袭人回明香露之事，宝玉甚喜，即命调来吃，果然香妙非常。宝玉痊愈后，把剩下的玫瑰清露给了芳官，芳官又转赠柳五儿，此是后话。玫瑰清露用蒸馏法，气香而味淡，和血平肝，养胃散郁，木犀花露更是在《养小录》中记载：“入汤代茶，种种益人。”

花露直接饮服，不可多量，少了悠扬久远的韵味；即便点茶，水为媒，多则张扬，少则无味，而鲜花窨茶，取的是渗香入叶，得的是敲炉漫思。南宋周密《施岳词》记载："茉莉，岭表所产，古人用此花焙茶，故云。"那时候的苏州，除了茉莉花，虎丘花农还种植着玳玳花、珠珠花和白兰花，都用于窨茶，茶坯主要为绿茶，吴人顾禄的《清嘉录》载："珠兰、茉莉，花于薰风欲拂，已毕集于山塘花肆，茶叶铺买以为配茶之用者。"

雅香的玳玳花，来自芸香科代代酸橙，初定为酸橙（*Citrus × aurantium*）的一个栽培变种，后在英文版中国植物志中，合入酸橙不再独立，酸橙的杂交种颇多，故分类复杂。代代酸橙果经霜不落，若不采收，则在同一树上有不同季节结出的果，故又称代代果，玳玳花窨的茶称为"玳玳花茶"。珠珠花，苏州人也叫珠兰，是金粟兰科金粟兰（*Chloranthus spicatus*）的花，黄绿色，如鱼子大小，极香。珠兰花茶明代就有出产，《歙县志》记："清道光，琳村肖氏在闽为官，返里后始栽珠兰，初为观赏，后以窨花。"

白兰花（植物名白兰，*Michelia × alba*）为木兰科植物，白兰花除了窨茶，还常常是吴地女子夏日饰物，发鬓两朵，衣襟三枝（花用细铁丝穿枝），还有用麦秸编制的小方盒专放白兰花，两端一挤，花从缝隙中入盒。手一松，盒，完好无缺；香，缕缕袅袅。香味过于浓郁，素喜清雅的苏州人并不喜欢其入茶，所以开始只用于茉莉花茶头窨打底，以其浓香映衬茉莉清香，后有单独窨茶，只窨一次的简单工艺，均销往外地。

明朝顾元庆《茶谱》中，明确了桂花、玫瑰花、蔷薇花、兰蕙花、橘花、栀子花、木香花、梅花皆可窨茶："诸花开时，摘其半合半放蕊之香气全者，量茶叶多少，摘花为茶。花多则太香，而脱茶韵，花少则不香，而不尽美。三停茶叶，一停花始称。"另，茶香之真味，有花能增，亦能减，这是另一层境界。

茉莉花

珠兰花

“窨茶叶的‘茶花’必须长足，但又不能开放，花和在茶叶里，放入特制的大竹匾，再把竹匾置于炭火缸上烘焙，且要不时翻动，过了一会，花在高温的烘烤下渐渐开放，渐渐变成深褐色且愈来愈干枯。一面翻动茶叶和花，一面又不能让竹匾烤焦，这些劳作都是男工做的，这道工序称为窨花，是制作花茶的主要关键。道地的花茶要三窨，一般一百斤茶叶和入十二斤茶花，烘焙一次后，立即把已焦干的花拣清，再放入十二斤鲜花烘焙，如此三回，用花三十六斤，这样的花茶就是高级的三窨花茶了。茶叶中的干花拣出，是女工们的事，称为‘打花’”（引自父亲的《山塘河的情忆》）。这是旧时苏州茶厂做花茶的过程，最后一窨则是留花的，至冲泡之时，白葩施然。我的奶奶、姑妈都曾经做过“打花”工人，如今更多的是使用机器、烘箱，制成的花茶喝着就缺了天真地润之味。

“轻涛松下烹溪月，含露梅边煮岭云。”将花朵儿鲜取或晒干，直接或配了茶叶烹煮或冲泡，这就是花饮的第三种形式了，民间称为“花草茶”。《广群芳谱》罗列了棠梨花、金雀花、桂花、紫荆花等，金雀花“滚汤入少盐微焯，可作茶品清供”，紫荆花“花未开时采之，滚汤中焯过，腌渍少时，点茶颇佳”，还有玫瑰花、柚子花、菊花、荷花、梅花，一花入水，看瓣舒蕊离，沉浮如心思，唯有文字三千卷。除此之外更多的花种，就到了需慎饮的药茶的概念了，如现在常见的金银花、金莲花、千日红花、桃花、百合花等。

花饮在手，花缘茶缘尽在其中，一壶茶里，少了一片茶叶一朵花，仍是一壶茶，然，每一滴水的芬芳，都有每一片茶叶每一朵花的本质。立秋收热，茶烟飏晓，又是茉莉时候。“红药将残，绿荷初展，森森竹里闲庭院。一炉香烬一瓯茶，隔墙听得黄鹂啭”。

轻烟绿生冷焰红

明末清初词坛第一人陈维崧有一首词："嫩瓤凉瓠，正红冰凝结，绀唾霞膏斗芳洁。"描写的是西瓜（*Citrullus lanatus*）。民间习俗，立秋前一日啖瓜谓之"啃秋"，立秋当日啖瓜谓之"咬秋"，啃咬过后，夏天和西瓜就渐渐淡出人们的生活。

西瓜于夏日，如中秋之月饼、端午之粽子，意重情远。一起伏，会过日脚的苏州人家，会让卖瓜汉子扛来几编织袋西瓜，放在床底桌下，每天拍拍敲敲，挑觉得最熟的一个，或装尼龙线兜用绳子挂入水井，或放入装满井水的深盆。吃过简单的晚饭，在傍晚早已泼过凉水的院里空地，开始了竹床、藤椅、芭蕉扇、星空、家人、故事的纳凉时光。一两个时辰后，刀起瓜破，清香四溢，吃瓜的时间到了。但不管一个夏天瓜吃多少，一定要留一个最大最圆的，立秋那天吃，一般过了这一天，吃完这个瓜，当年就不再买西瓜吃了，而开始吃秋梨、红菱、香花藕。

西瓜

那时候，苏州的西瓜，最多的是黄瓤的“华东26号”和红瓤的“解放瓜”品种，千点红樱桃，一团黄水晶。那些瓜，个个鲜甜无比，让最近几年几乎没吃到什么好瓜的我，十分怀念。记得当时还有一种“平湖瓜”，长椭圆形，瓜皮深绿无条纹，瓜瓤橘黄色，瓜子特别黑特别大，据说产自浙江，市场上比较少，偶尔能买到，吃着新奇。立秋过后，市面上渐渐只有“宜兴瓜”和“徐州瓜”，这两种瓜体型很大，皮色淡绿无纹，形如冬瓜，口味亦甜，但“挑剔”的苏州人觉得不好吃。

读大学、工作、成家，一直就在南京了，读书时是不买西瓜吃的，觉得奢侈，一般伏天才吃瓜，而那时已是放暑假回苏州。工作后才知道南京人习惯吃“陵园瓜”，一种花皮红瓤圆瓜，再后有“苏密”“麒麟”“爆炸”，品质都很不错。一方水土养一方人，也养一方瓜，那时候，走哪里就有哪里的特色品牌瓜，风土人情尽融在其中。倒是如今，走哪里都是一样的“8424”“早春红玉”“黑美人”“特小凤”，不明出处、难辨季节，而且我个人觉得真的不怎么好吃。

“缕缕花衫沾唾碧，痕痕丹血掐肤红。”“香浮笑语牙生水，凉水衣襟骨有风。”瓜是个古老的象形文字，两边撇捺像瓜蔓，中间瓜藤垂下，结出一个果实，就是瓜了。“西瓜”名出五代胡峤《陷虏记》：“明日东行数十里遂入平川，多草木，始食西瓜。大如中国冬瓜而味甘。”关于它的历史，考证无数，有说其在唐代经丝绸之路从西域进入中原，故名“西瓜”；有说西瓜本名“寒瓜”，中国4000年前就有，证据是当时的医学家陶弘景《本草经集注》，描述“永嘉有寒瓜甚大，可藏至春”，明代李时珍认为，陶弘景提到的这个寒瓜，就是西瓜。于是，关于“寒瓜”到底是不是西瓜，又开始了争论。

查字典“寒瓜”条：1.西瓜别名。元代方夔《食西瓜》诗曰：“恨无纤手削驼峰，醉嚼寒瓜一百筒。”2.泛指秋瓜。南朝梁沉约“寒瓜方卧垄，秋菰亦满陂”，唐李白“酸枣垂北郭，寒瓜蔓东篱”，茭白（菰，*Zizania latifolia*）、酸枣（*Ziziphus jujuba* var. *spinosa*）成熟季节才结的瓜当然不是西瓜，何况还爬在墙垣竹篱上。3.冬瓜（*Benincasa hispida*）。《神异经》：“寒瓜，冬瓜也。”《和名本草》记载：“寒瓜：色青白、皮厚、肉强。”青白指青皮霜粉，肉强指肉质较硬，都是冬瓜的典型特征。喧嚣尘上的浙江余姚河姆渡文化遗址、杭州水田坂良渚文化遗址、广西贵县罗泊湾西汉墓等，考古报道称发现有西瓜种子，后经学者认真复验和鉴定，其实都是冬瓜子，无一可确认属于西瓜。故西瓜就是西瓜，寒瓜应是冬瓜。

也许是意义非凡的出身，西瓜几乎成了夏天的象征，也让人们对其雕琢再三，西瓜皮做了菜肴，西瓜子做了零食，西瓜花做了观赏，西瓜藤做了药材。西瓜皮是夏季常食蔬菜，外去皮内去瓤，切丝炒辣椒或切块稍腌凉拌，当然，高手认为带一些红瓤，色相更佳。吃不了的瓜皮可以曝晒，收藏起来，待天冷时烧肉，其味与笋干无异。淘洗西瓜子，是小时候最怕做的事情之一，因要充分洗净瓜子上的果肉纤维，麻烦极了，洗好的瓜子晒干收瓶，天凉时在锅中炒熟即食，消磨一个个没有电视、没有手机的家人融融温馨的夜晚。平湖瓜、宜兴瓜的瓜子大，“解放瓜”“华东26号”的瓜子小，但小有小的味道。

电影《小兵张嘎》中的胖翻译在乔装的游击队长罗金保西瓜摊前，出拳砸瓜、口出狂言，成为经典的桥段。小伙伴们不厌其烦地一遍遍演绎，不过，那个瓜可真是“青门绿玉房，猩血沁中央”的好瓜。在老家后院，也尝试种过西瓜，种子撒下，苗极

吃过简单的晚饭，在傍晚早已泼过凉水的院里空地，切开西瓜，开始了竹床、藤椅、芭蕉扇、星空、家人、故事的纳凉时光

易出，叶片藤蔓长得也很快，黄花开时雌雄各异，雌花下端会有膨大的雏瓜，但每每“哑”掉，好不容易长大的瓜也每每“早老”，才香瓜样大就熟了，当然无法吃。瓜蔓常常牵到矮墙上，每天深一脚杂木浅一脚草丛去看种的瓜，在曾经打到过赤链蛇的后院子，既恐惧绿棵中的土公蛇，又恐惧墙头上的美女蛇；雨后，草丛中还会长出一根根火红色的菌，似大蛇信子，大人们叫它“蛇菌”（学了植物学才知道是鬼笔菌），告诫我们蛇爬过才长这种菌。

“凉争冰雪甜争蜜，消得温暾倾诸茶”。西瓜，常常引发我梦萦魂牵，忆起那个有着无数快乐和亲情的苏州老家的大院。夏入秋、花结瓜，自然天地前行依旧，唯有生活，如同现在的西瓜品种，有些忘记了曾经的心之所向、梦之所往。旧院已不存，老房依然在，只不过变了些模样。一些月光、一些思量、一些诗行，心念故地，重归乡心。

外集

青缕冰绡，秋水归隐真味

苏州人的水八仙，分别是茭白、莲藕、芡实、菱角、荸荠、慈姑、水芹、莼菜，好几样都已经写过，唯独莼菜（*Brasenia schreberi*，古作“蓴”），一直没有动笔，像有一缕若有若无的情绪。

如同“左右流之、采之、芼之”的荇菜（*Nymphoides peltata*），“冰绡冷缠青缕滑，翠钿钿缀玉丝香”的莼菜亦是一个穿越时空的诗意植物。新生代第三纪孑遗至今的单属单种，野生莼菜贵为国家一级重点保护野生植物，濒临灭绝，孤寂而残缺，独行在春来冰自青、秋至水飘零的婆娑世界，恍若等待使它圆满的另一伴。多年水生，小荷般的叶，花冠暗红或者淡绿，叶背暗红或者淡绿，嫩梢、卷叶亦是暗红或者淡绿，还缠着胶状透明物，颤悠流光，如水晶般。“蓴丝不似藕丝轻，傍腕缠绵入手萦”。野塘里的渺小而秀远，飘飘何所似，天地一清纯。只不过，裹满茎叶的凝胶，只为保芽护嫩不受伤害，或是抵污濯体维系清洁，而不是为迎合千里莼羹、江东第一品的。

《中国植物志》修订至英文版，莼菜也从归属睡莲科独立为莼菜科，志书描述莼菜叶背面蓝绿色。从前苏州太湖莼菜，有两个经典的农家种，一个叫“红叶莼菜”（叶背暗紫红），一个叫“绿叶莼菜”（叶背翠绿色），且以绿叶莼菜为主，叶片正面淡绿，背面深绿，如今几乎都是红叶种，有从前保留下的，也有西湖引进的，浑然分不清。传统终究敌不过岁月，到头来“莼菜梦回千里月，苹花老却一江秋”。年少时随见常食的太湖香青菜、常熟玉米、苏州细香葱、花红苋、苏州黄慈姑、南芡等，如今与绿叶莼菜一样，渐行渐远，如同流逝了的时光。随着太湖边的水田渐渐被填埋建房，野生莼菜也越来越少，经济是发展了，却再难拥有“翠叶紫茎铺水，轻摘起，见说道，参差荇菜浑难比”的情趣。

处暑时节出差回苏州，菜场已有新莼菜上市，水盆里涨满了连些短茎的椭圆状、矩圆形叶片，盆边有几个可乐瓶，带水装满的也是莼菜，估计是为了方便没带家什来买的人，东山口音的老太，招呼着：“阿要莼菜？”小时候家里买莼菜，都要带个搪瓷大碗，因为很久没有买了，倒是想不起来连菜带水的究竟怎么称重呢？还是就一碗一碗地算价格。苏州的太湖、杭州的西湖算是莼菜食区的正宗产地，《本草纲目》谓之“惟吴越人善食之”。清代乾隆年间修的《吴县志》和《苏州府志》更表明：“太湖今最盛，两山家家食之。”两山者，洞庭东山、西山也。《吴郡志》之“灵岩山……山顶之池有葵莼”，《吴地记》之“花山……山上有池，旱亦不涸，中有莼甚美”等，如此，苏式水八仙就再也少不得莼菜了。

“参差荇菜，左右采之”

说起西湖莼菜，还有西湖、湘湖争先后之趣。郑逸梅先生在《萧山与湘湖》一文中写道：“又西湖莼菜是名著全国的，实则托名西湖的莼菜，大都湘湖的产品。”清代文学家田汝成认为：“杭州莼菜，来自萧山，唯湘湖第一。”明末诗人、书画家李流芳认为：“湘湖无莼，皆从西湖采去。”湘湖成于宋朝，而西湖成于唐朝，且早于宋已有

莼菜

莼，故而西湖莼菜早于湘湖莼菜是可能的。而早年的西湖莼菜，种多取自杭州市郊的上泗及周边，即之江流域的周浦、袁浦等地。相比太湖的绿叶莼菜，传统的西湖莼菜是红叶莼菜。为做建立苏州蔬菜农家种保护性分子标记的课题，和学生去杭州搜集配套品种实验材料，浙江大学傅承新教授亲自开车带我们去采莼菜，在杭州郊区原先曾采到过野生物的地方，遍寻无踪影，栽培的倒是有些，亦号"西湖莼菜"，叶背面是暗紫红的。

《诗经 · 鲁颂》载："思乐泮水，薄采其茆。"《周礼》云："茆，凫葵也。"西晋著名的文学家、书法家陆机曰："茆与荇菜相似，江东人谓之莼菜，或谓之水葵。"从此，后人亦就多认为"茆"即莼，不过细想，北方的鲁国泮宫水池，恐怕难以生长原产苏、浙、赣、湘、川、滇、鄂（西）的物种吧？虽说历史气候有变迁，但以梅、橘参照推测，莼菜历史上的北限不可能过淮河而达黄河流域，因而"茆"是莼就带了问号。果然有学者挑战，《尔雅》记："茆，叶圆，似莼，生水中，今俗名水葵。"苏颂《图经本草》载："凫葵， 即荇菜也……叶似莼，茎涩，根甚长，花黄色。水中极繁盛。"似莼就不是莼，所以"茆"非莼而荇亦有渊源。可同为《诗经》，为啥既有"参差荇菜"再有"薄采其茆"？其实，同名异物也不是不可，毕竟书中"榆""枌"皆为白榆，"楚""楛" 皆为黄荆，确实是存在的。

《耕余录》称："莼菜味略如鱼髓蟹脂，而轻清远胜。"叶圣陶先生则认为："莼菜本身没有味道，味道全在于好的汤。"但春茎未叶名雉尾莼食芽，夏叶稍长名丝莼食茎，冬根上部名瑰莼食芰，人们生生将第一芼羹之莼，吃出了婉约风情、清雅胜事。于是，有了陆游的"晚笛随风来倦枕，春潮带雨送孤舟。店家菰饭香初熟，市担莼丝滑欲流”，杜甫的“羹煮秋莼滑，杯迎露菊新”，白居易的“缕鲜仍细，莼丝滑且柔”，更有了陆游40余首描写莼菜的诗作，毕竟如宋代徐似道所言：“莼羹本是诗人事，樽俎那容俗子同。”《红楼梦》中贾老太太吃斋，拣了椒油莼齑酱，据说是将新鲜莼菜切碎，拌上盐粒、姜末、葱末、椒油等腌制而成，虽不及张翰的莼菜鲈鱼脍有名，也不如林洪的玉带羹（笋莼羹，笋似玉、莼似带）上品，却是最能引人食欲的式样。

北宋书画家米芾所著《画史》写唐代画师吴道子的绘画：“行笔磊落，挥霍如莼‘莼菜条’，圆润折算，方圆凹凸，装色如新。”从此，独创的吴道子线描，行笔提按节奏鲜明迅捷、粗细有致，翻卷过渡自然，停顿曲折有度，特称“莼菜条”，与李伯时、孙太古谨细均匀的“游丝条”相提并论，在画史上成就了其人物画标志性用线。“莼菜条”的用线，具有粗细轻重的变化，能生动地表现衣服的动感与厚度，恰似莼菜煮熟后叶片卷曲圆润丰厚之形状，生、熟莼菜之形，携长丝蜿蜒水中物，被吸收入自然万物给予的艺术灵感，圆润折算，方圆凹凸，笔所未到而气已吞。这是为数不多的用植物来命名艺术技法的典范之一，足见莼菜之本真清高、素质厚远。

叶圣陶在他的《藕与莼菜》中书写了家乡情结：“在故乡的春天，几乎天天吃莼菜……因为在故乡有所恋，而所恋又只在故乡有，就萦系着不能割舍了……若无所牵系，更何所恋念？像我现在，偶然被藕与莼菜所牵系，所以就怀念起故乡来了。所恋在哪里，哪里就是我们的故乡了。”江南的春雨，润无声地铺满了一池碧绿，只需一夜，堪比青萍，不同的是将恬静清雅渗进叶底茎端，爱滑卷青绡、香袅冰丝细。“处处橙黄橘绿，家家莼菜鲈鱼。昨夜秋风又起，扁舟谁赋归欤”。这些冰凝，成在心头的思念，滴落故乡的日子，直至一年一年的莼菜，在处暑节气，浮叶如碧，芳花漫溢。

清冷秋水，有绿芰红菱

杜牧写过“红芰”，秦观写过“红菱”。“芰”名初出战国时代，取意菱的植物形态“其叶支散”，楚语“屈到嗜芰”，意思是楚臣屈到喜欢吃菱角，说明那个时候菱叫“芰”。“菱”名初出魏晋南北朝《名医别录》：“芰实。一名菱。”故芰为菱的古称，《酉阳杂俎》记载：“今人但言菱芰，诸解草木书亦不分别。唯王安贫《武陵记》言四角、三角曰芰，两角曰菱。” 因而，四角、三角、两角都是菱（*Trapa bispinosa*）。

《周礼》“菱芡栗脯”，浙江余姚河姆渡、嘉兴马家浜、吴县草鞋山、海安青墩等出土菱。奇怪的是，除河姆渡出土的为两角菱，其余全为圆角菱，有点像馄饨菱。水乡苏州，名副其实是菱的天堂，唐朝就开始有记载，《吴郡志》有“今苏州折腰菱多两角，折腰菱，唐甚贵之。今名腰菱”，《木渎小志》有“腰菱产于太湖滨”等。苏州虎丘后山浜与西郭桥一带，明朝时有著名的菱荡，如今那里仍有地名叫菱河浜头的，菱荡的菱有青红两种，青色而大者名馄饨菱，小者名曰小白菱，还有沙角菱，七八月间，菱船往来山塘河中叫卖。吴县的清朝进士沈朝初赞曰:“苏州好,湖面半菱窠。绿蒂戈窑长荡美,中秋沙角虎丘多。滋味赛蘋婆。”如今,馄饨菱、小白菱仍有栽培,只是沙角菱市面上见得少了。《太湖备考》记载:“菱出西山消夏湾,东山白浮头,武山朱家港。”王氏《武陵记》云:两角曰菱,四角、三角曰芰,今太湖所产多四角。”东山东北湾的太湖面,因种菱而谓之菱湖,传说春秋吴王曾在该湖种菱而得名。

在所有的菱中,苏州的水红菱和嘉兴的南湖青菱颜值最高、文艺味最浓。 水红菱的一个水字,让棱分四角、皮鲜嫩红的菱角顿时灵动起来。木制圆形的采菱盆、蓝帕绣裙的姑嫂子,伴着吴侬软语的采菱小调,在晨曦的绿棵丛,捞起一只只红菱,乃是:秋水乐事,声淅淅,影斑斑;塘风卷霞,金滟滟,光灿灿。水红菱,石湖最出名,种质可能来自“雁来红”,《元和县志》记载:“又一种特大色红味鲜美名雁来红,又呼顾姚荡,系两姓合有故名,出葑门外附近荡田及乡间浜港俱有之。”顾姚荡,后讹为戈窑荡,菱的品种名,看来专指红菱。每年中秋游石湖是苏州人的传统,彼时,水红菱成为最抢手的伴游物。红菱,还有两只角的,代表品种为红绣鞋。

馄饨菱与和尚菱,常被人混淆,前者四角,角长短不一,色淡带绿白,如今还能见到;而无角的和尚菱,果实半圆形,苏州的黄白色皮的品种,已近失传。“菱池如镜净无波,白点花稀青角多”。著名的南湖青菱是鲜食菱,嫩绿、小巧、无角,壳去掉后的菱实嫩白鲜甜,还带着一丝丝的涩味,这是和尚菱,但与苏州和尚菱的渊源不明。浅秋午后,丹桂树下,三俩知己,“嫩剥青菱角,浓煎白茗芽”。

四个尖角的小菱,苏州人称“沙角菱”,与野菱(细果野菱,*Trapa incisa*)很像但不是,常煮熟了吃,皮色淡棕黄,刺尖难下口,就用刀劈两半,挤出果肉,很粉很糯很

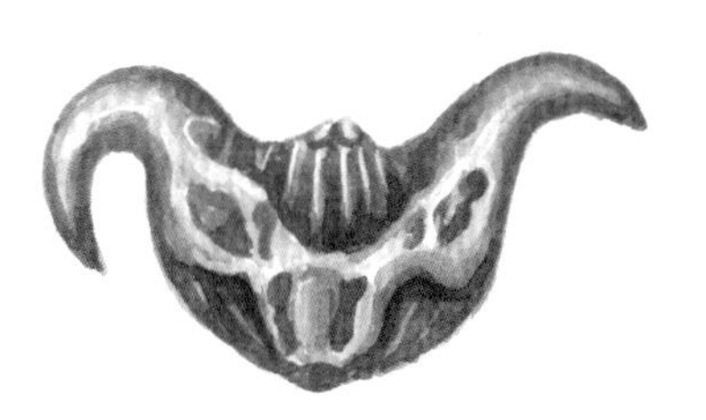

菱

香甜，“沙”即咀嚼颗粒状淀粉的感觉。冬季挖出的沉水乌菱两个角，通体乌黑，煮熟更甚，越老越好吃，煮熟后还要文火焖，酥软中带点儿嚼劲。洗净外壳，大人们可以放在手边把玩，孩子们将两只翘起像水牛弯弯的角作拉力的玩。熟乌菱在硬壳上打三个洞，将菱肉挖净，将竹竿内膜贴住中间洞，就成了口哨，吹奏出秋的悠远、沁凉。“浅渚荇花繁，深潭菱叶疏”，苏州诸多的水池沼塘、荷道荇路，时时会闪出一芯茎四散的盘盘菱蔓，野菱很多，荷锄归屋，顺手捞几棵，摘下青果，是哄小儿的好食；又顺手摘下菱科（根叶柄上部膨大的海绵质气囊）连同嫩的藤柄，去叶焯水加蒜末盐醋凉拌，或者加点自制的黄豆酱煸炒，便是晚饭桌上的一道菜。

古诗词咏颂“芰荷”，如《楚辞 · 离骚》“制芰荷以为衣兮，集芙蓉以为裳”，贺知章《采莲》“莫言春度芳菲尽，别有中流采芰荷”，等等。人常释义“菱叶与荷叶”，然，“芰荷”其实特指出水的荷（叶或花），与菱无关。有喻隐士生活清高的“芰坐”指折芰叶铺地为坐席，有指隐居者服装的“芰制”指采芰叶为衣，菱叶窄小，无以铺地、裁衣，只有出水的荷叶才可能。

《中国植物志》载中国菱属15种，除无角菱、乌菱、细果野菱及四角刻叶菱（统称野菱）这几个种外，其他都是菱（*T. bispinosa*）及菱的不同品种。但在修订过的英文版《中国植物志》中，中国所有的菱只有两个种：细果野菱（在《中国植物志》中，此是四角刻叶菱）和欧菱（*T. natans*），即从《楚辞》时代拔古涉今、诗溢曲漾的中国芰菱，竟全部名从“欧菱”，无论从文化、民俗、科学等角度，都情难以堪。

菱的花很小，夏末秋初散开水面，四瓣白或淡红色，花香十里，秋风百度，“清溪波动菱花乱，黄叶林疏鸟梦轻”。花瓣下面的花萼膨大形成菱刺角，1片、2片、3片、

“漾漾泛菱荇，澄澄映葭苇。”秋水涟漪的时节，青皮、红皮、褐皮，两角、三角、四角，素实悠荡、碧叶扶摇。一串水灵灵的菱的名字，数尽水乡秋歌远意。

4片就成了一角（一角菱中国没有）、两角、三角、四角。但古人“菱花”还常含别意，“对菱花、与说相思，看谁瘦损”，“整云鬟，对菱花，教人怕见愁颜。”这里的菱花是铜镜，映日则发光影如菱花，又名“菱花镜”，还可指菱花形的花纹，见韦庄“白袷丝光织鱼目，菱花绶带鸳鸯簇”。数学中，同一平面内，由四条相等的直线构造两个锐角和两个钝角组成的四边形为菱形，为何名中有“菱”？见，菱角沉水叶宽圆有齿，浮水叶菱状圆形，故得其浮水叶具四边象形而已。

菱，很自我，用坚实的硬壳包裹内心；很自信，旁若无人地生长；很敏感，红妆绿颜多变幻；很超然，浅渚荇间，深潭叶疏。《松江府志》记载：“菱有青红两种，红菱最早，名水红菱，稍迟而大者曰雁来红；青者为鹦鹉青，青而大者谓馄饨菱；极大者为蝙蝠菱；最小者曰野菱。谓草场浜红菱最佳。”这是一群各各有名、栩栩异动的生命体，丈量蒹葭水湄，观礼繁花流轮，将一缕缕芳花香实，留在仲秋的清风里、半水中。

问君底事浑忘却，月下菱舟一曲歌。

荷风藕香中，小庭凝珠

清朝苏州人沈朝初有30余首有关“忆江南 · 苏州好”的词，将苏州风物、风俗、物产、美食遍及。其中有“苏州好，葑水种鸡头，莹润每凝珠十斛，柔香偏爱乳盈瓯，细剥小庭幽”。鸡头，就是鸡头米，芡实（*Euryale ferox*）的种仁。《说文解字》曰：“北燕谓之葰，青、徐、淮、泗谓之芡，或谓之鸡头，南楚江湘之间谓之雁头，或谓之乌头。花似鸡冠，实苞如鸡首，故名。”夏季的闲荡野塘，常常可以看见一种大水草，似荷但叶两面有刺，似睡莲但浮于水面的叶圆而大。花茎伸长于水面上，顶生一花，花紫色，亦有白色、红色（后两个花色是杂交种的颜色），美丽堪比平安莲（延药睡莲，*Nymphaea nouchali*）。花谢后，花萼慢慢地闭合和膨胀，形成如鸡头般大小果实球，果实球没刺或密生锐刺，里面有黄棕色坚硬种子，剥去种皮，凝珠乳盈，这才是可吃的鸡头米。

鸡头米是个稀罕物，不知道的人很多，即使知道了，但仍然不了解的人更多。苏州人将鸡头米当成宝，价高物贵。奇怪的是同样为江南水乡的无锡、常州，却无食鸡头米之俗，认为只是苏州人的食物，因不知，固不食，白白浪费了美味食材。懂吃的上海人不知什么时候尝过此鲜，从此将此物视为珍味，秋风乍起，忙忙地到苏州掠食，想来，要怪沈朝初的。长江北边的宝应、金湖等，他们也号称是鸡头米的家乡，产出亦多。

芡实野生分布在黑龙江至云南、广东的南北各省的池塘、湖沼，把它移到塘里作栽培，就叫刺芡或北芡，保留了叶柄和叶主脉具皮刺及果实密被皮刺的野生特性，栽培的历史可追溯到春秋战国时期。另有一类栽培的，是原产苏州的苏芡，或称南芡，《太湖备考》记述："芡出东山南湖，不种自生。"地产野生物经长期选育产生的苏芡，除叶背叶脉上有稀疏刺外，其他部位包括果实外壳已经均无刺，而且果实比北芡大几倍，极大方便了人们的采摘和取食。苏芡在苏州，其实亦是稀罕物，最有名的是葑门外一带产出的南荡鸡头米。不知从什么时候开始，苏芡只集中种植在群力村，最少时，年收获仅15千克，此后绝地而起，逐渐在苏州太湖地区慢慢恢复，但面积仍然小，以至于产品供不应求，除此地外，国内再无一个地方有苏芡种植。

鸡头米上市，当在夏末初秋的白露季节。江南苦夏，初醒在桂风藕月，食欲自然也复苏了。小娘鱼（苏州话的小姑娘）、阿嫂、阿婆聚集在树荫下，剥着鸡头米坚硬的种皮，一边谈笑，一边出售。一堆堆剥好的鸡头米，白白嫩嫩，圆圆溜溜，清爽可爱。剥鸡头米是个非常艰苦的营生，所以一般人都买剥好的，偶有想尝新又想省钱的，买回一堆小黄籽，每个圆圆的黄籽外还有层透明的薄衣。捏着滑滑的种子，剪刀剪不开，老虎钳勉强行，半天成果也不会显著。再仔细看看卖鸡头米的人，原来她们的迅速，是用两个指头上套金属指甲换来的。

芡

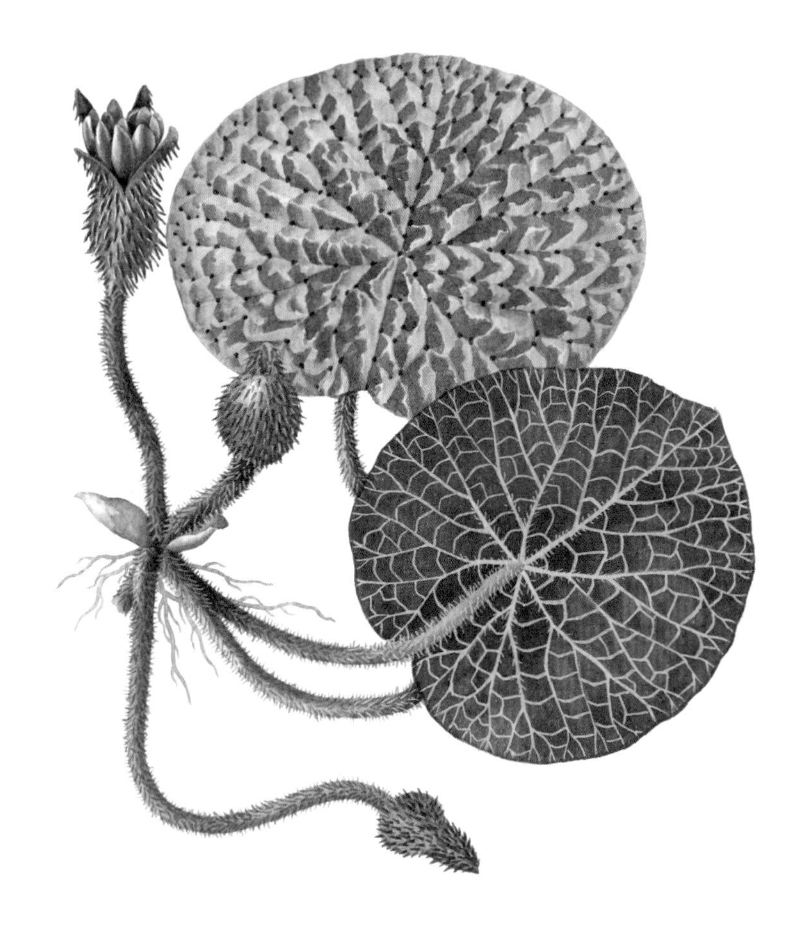

鸡头米上市，当在夏末初秋的白露季节

南宋时曾任平江知府的虞俦赞曰:“秋风一熟平湖芡,满市明珠如土贱。”苏帮菜的应用中,最经典的当属清炒虾仁鸡头米,点缀几颗青豌豆;或是水红菱米、香花藕片、荸荠丁加鸡头米搭配的素炒水八仙。若是甜品,当数桂花南荡鸡头米羹最为著名,烹制时,水开即下鸡头米,水再开即关火,调上糖桂花,即食,两味时令食材,真正的苏州味道。老百姓家的吃法,亦无非是这样,顶多炒素中的原料换几样,或者甜汤里面放砂糖或者冰糖,放或者不放糖桂花。

苏州几个著名美食家,围绕着鸡头米,有很多趣事。陶文瑜先生曾经多次质疑叶正亭先生关于鸡头米的做法。叶先生表示,鸡头米须水沸后入锅,等翻滚冒泡时,立刻熄火,同时以勺匀其温,是为“溏心鸡头米”;而陶先生认为,鸡头米根本不可能烹出溏心的效果。苏州作家荆歌在为叶先生《吃在苏州》的代序中写道:“见鸡头米是鸡头米,这是第一境界;见鸡头米不是鸡头米,这是第二境界;见鸡头米又是鸡头米了,这是第三境界。第三境界与第一境界的不同,就是仿佛吃出了溏心。心中有佛处处是佛,只要你感觉到有了溏心,鸡头米就格外柔软可口。”这已经不是美食家的境界了,而是哲学家的。

这几年做项目,有芡实的内容,需要收集实验材料,自然将也是苏芡故乡的苏州跑了个遍。很遗憾,芡田在逐年减少,土地征用导致太湖边上很多芡田都被填埋了,即使卖出的价格很高,芡农仍然在逐步转行,自然,苏芡也在减少,几乎只能在试验场见到,市场上见到的,绝大多数是北芡。一个优良的地方品种,如同十年树木、百年树人,但是消失,则在顷刻之间。

汪洋铺张的大叶片，如一池吹皱的翠绿，新出叶形如马蹄，成熟叶状如圆盘。皱绿间，此起彼伏，挺着一支支紫色的小火炬般的紫花，花开在叶面上，果结在水底下。满身的锐刺，既是拒人的武器，又是演化的标记。在南京，仅见过一回卖鸡头米的，那是在儿子读的金陵中学校门口，无人识无人买，饭店里倒是渐渐有了鸡头米菜肴。这几年，植物园里也引了一些芡实作展示，识者仍然不多，不了解背景和知识，更不知它们竟然有卓尔不群的美味。

“芡实遍芳塘，明珠截锦囊。风流熏麝气，包裹借荷香。”“湖边谁摘芡，轻度藕花风。贪得鸿头去，惊他雁序空。”都是水生植物，芡、荷不同又不分。芡借着荷香藕风，留下一池塘的风景他占，虽是自甘低微而平凡的，却包裹着珍珠般的硕果。

花开无次第，味有序

鸡矢藤（*Paederia foetida*）的花季是和着白露的风而来的，虽说是初秋，却已经是天高云淡。澄蓝的背景下，花苞和花瓣覆着粉末状灰绿色的茸毛，5个白色裂片空隙，紫红色闪闪烁烁。朋友给我发来了开花的照片，问我是什么植物。圆锥式的聚伞花序，腋生茂密，顶生繁盛，弯到尽头的末次分枝上，花朵变着样，排列成了蝎尾状，这是鸡矢藤。认识它的人，不会去招惹，相安无事如路人，说不定还会偶尔驻足，欣赏一下其实很精致很美丽的花朵；不认识它的人，贪花招摇采之，欺藤参差伐之，那将饱尝不慎揉叶后的痛苦，一种似鸡屎的臭味弥漫洋溢。故而，这种绕墙缘沟绿草蔓，又有别名“鸡屎藤”。

几年前也是这样热得发昏的时节，第三次去海南野外调查采集。海南的植物有着自己的标记，槟榔处处竖立，胡椒时时蔓牵，还有老干挂实的波罗蜜，和新茎垂果的青芭蕉。那回去的是第一次涉足的琼海市，一进城，满街除了文昌鸡的广告，就是

鸡矢藤

“鸡屎藤粑粑”的招牌。一辈子走南闯北，除了热爱研究的植物，还热爱各地风情美食，故而出差之前我特地上网查了查琼海的特色小吃。据说，琼海一带农历七月初一，鸡屎藤粑粑是家家户户的节日食品；农历三月三节，儋州民间吃鸡屎藤馍的习俗，至少有上百年的历史；贵州亦有食俗，兴仁市“胡记鸡矢藤粑粑”招牌，就在一个不起眼的小角落里静静地站了百年。虽说语焉甚详，但我其实并不相信这种小吃，真的是用为人不齿的“鸡屎藤”做的。

去琼海，主要是为了调查采集薯蓣属植物。薯蓣属（*Dioscorea*）在中国总共52种，在海南岛居然就有2个特有种，即小花刺薯蓣（*D. scortechinii*）和吊罗薯蓣（*D. poilanei*），多次去海南均未得这两种。另有甘薯（*D. esculenta*，不是山芋之甘薯），野生亚洲东南部，国内无野生但主要在海南有栽培，当地称“毛薯”，也就有了海南名小吃“毛薯羹”，海口的骑楼老街可以吃到。当终于结束一天的工作，坐进琼海十分简陋的街边小店，已是傍晚。穿着宽衫、趿着拖鞋、讲着闽南腔海南话的店主女子，很随意地端来一碗混色汤，里面沉浮着深绿色似小指状大小的颗粒。调羹搅一搅，张口尝一尝，再和女子聊一聊，汤是椰丝（有时直接用椰汁）、生姜、红糖熬制，绿粒还真是用新鲜洗净的鸡矢藤茎叶，混合新鲜大米一起碾成粉末，再加水拌均揉匀掐制而成。说实话，味道太一般，浅尝辄止足矣。

鸡矢藤是茜草科植物，和芳香雅馨的栀子花（*Gardenia jasminoides*）、滇丁香（*Luculia pinciana*）同科，真若上苍因感冒而分配错误。成书于清康熙末年的《生草药性备要》首名“鸡屎藤”，道光年间的《植物名实图考》首名“鸡矢藤”，但其实有些医书早有记载，只不过不叫这些个名罢了。上古无“屎”字，假借“矢”，“鸡屎藤”变

“鸡矢藤”，字面雅些，意思仍然。不过，鸡矢藤的药用价值一直为人们津津乐道，传说有个李姓草医，祖传疳积秘方，偶于醉后道出真言，曰：“一味鸡矢藤研末即是。”

一个“臭”字，有时会判定一生的命运，植物是，人亦然。然而，香浓了便臭，臭淡了是香，生活中处处可以看到这个哲学理论的案例。即便是鸡矢藤，摘一片叶子轻轻揉，放在鼻尖，不一定有记忆中的味道；重重搓，些许难闻，再慢慢地回味，就可变成沁人肺腑的清香。俗话说“远香近臭”，说的是人，说的是人际关系，虽说不是指真正的味道，但细品，何不是人生之味？由此想到了饕餮之好的“宁波三臭”臭冬瓜、臭苋菜秆、臭芋艿蓊。臭冬瓜我喜欢，故不觉臭而逐香，后两者我不爱，故人曰香而我避臭。都是这个道理！

清代范宣《越谚》有“苋菜梗”条：“苋见《易夬卦》，其梗如蔗段，腌之气臭味佳，最下饭。”虽然绝不接受这个悠扬彻底的异味，但还真有兴趣考证过宁波人做臭苋菜秆的“苋菜”究竟是哪个物种。之江平原，野生分布着苋科两种可食野苋菜，即刺苋（*Amaranthus spinosus*）和皱果苋（*A. viridis*），和苋菜（*A. tricolor*）同属，都是一年生草本，都高可达1米左右，绿茎都有纵条纹，秋日都是花落果出、茎老秆硬，所以，我一直以为臭苋菜秆乃不雅之物、随意之食，人们不舍得废菜得杆，用的一定是野苋菜，后来才知，那里的老百姓还真就选择了专门的栽培苋菜品种，用好田种植，种杆得杆，可见臭苋菜秆在宁波人生活中的分量。

在宁波人生活中同样有地位的臭芋艿蓊，原料是芋（*Colocasia esculenta*，江浙人称芋艿）的叶柄，是“三臭”中最少见到的，如今在淘宝上也是“三臭”中唯一买不到的，不知是否制作有什么讲究。能接受的是臭冬瓜，食材俯拾皆是，鼻息未觉臭、味蕾

鸡矢藤

尚存酸，淋点麻油，加点白糖，御暑美食，欲罢不能。虽说几个夏天都受赠于一个宁波朋友，但因没有体会到“软塌塌”“香糜糜”“臭兮兮”的精髓，一直怀疑吃到的是赝品，可能只是发酵的酸冬瓜而不是加了臭卤的臭冬瓜。

周末出门溜达，在家周边转转，期希能拍到鸡矢藤花，用以配文。小区围墙边、路边杂木林里甚至电线杆上都看到了鸡矢藤，花儿却是一朵未见，好生奇怪。想起前些天求鉴照片的朋友，说是在她家附近的广场上拍的，就索性去了仙林，顺带看看朋友。一走入显得有些荒芜的广场停车场，远远地，就一眼望见了爬在路边广告牌上巨大的花藤，真有“藤花无次第，万朵一时开”的气势，地下亦是落英缤纷，一枝藤竟然营造了“柴扉人寂草生畦，藤蔓乱萦篱”的景致。不得不佩服这种野草，身份低微，却在大城市寻找到了适合生长的角角落落，恰当地展示着自己的存在及独特的风采，且还繁衍生息。

苏州的大街小巷，不经意间也是可以看到鸡矢藤的身形，只是很多人不识罢了。以前，在苏州出差、探亲，多半会住在景德路东头的酒店，见证了它的开业直到装修升级。酒店建在曾经读过书的马医科第二小学原址，即原为明代首辅申时行（申文定公）家的祠堂，祠堂前原有一座大牌坊，题额“忠良柱石”，现已移置在北寺塔前，改为“北塔胜迹”。这个酒店的一狭路院子墙上，爬满了鸡矢藤，花开季节，倒是别样风景，也见证了这么多年来来往往的欢笑和悲伤。

走出家门，走进田野，百合要观，鸡矢藤也要赏。

雕胡雁膳，葑水清味

近日回故乡，老爸谈起他早年的学生，苏州有名的美食家“一花（华）一桃（陶）二叶”中的“一花”华永根先生（苏州市前烹饪协会会长），我遂抽空查了查先生的资料。曾经的大作《与“水八仙”长相守》，似乎看得出这位被称为“苏帮菜一道名菜”的苏州人，有着道地的情结和心得。据说华先生曾手写“八冷八炒一汤四点心一主食”菜单，并在得月楼化为一桌活色生香的水八鲜时令宴：兰花茭白、慈姑金片、桂花糖藕、玫瑰荸荠、糖醋红菱、凉拌水芹、荷花芡实、水晶莼菜等八碟冷菜，虾仁鸡头米、红菱桂鱼片、地栗（荸荠）狮子头、香炸南塘藕、芡实花果糕、水芹蒸烧麦、八仙饭……开宴冷菜中的一朵朵雕成白兰花状的茭白，得“用手捏碧绿葱段做的兰花梗，蘸点小碟里的醋”食用。还据说那天桌上的装饰是“扁扁的提篮里，竖着一束带青壳的茭白，一颗似石榴般的芡实与散落的一粒粒剥出来的鸡头米相呼应，一把绿水芹、一根白藕映衬着几只褐色荸荠、慈姑、红菱，还有一杯水淋淋的莼菜”。

茭白

苏州人的“水八仙”虽平常但也稀罕，属清补淡雅之物，正如清代袁枚所说：“味之精微，口不能言也。”位于“水八仙”之首的茭白，更是特别之物，时而是“虾子茭白”微腥嫩齿，时而是“香糟茭白”清冽爽口，时而似“酒焖茭白”醇厚软味，时而如“莼鲈之思”淡雅醒神。“莼鲈之思”是西晋文学家张翰的思乡典故，人常关注的是其中的鲜莼和鲈鱼鱼丝，其实配料红色火腿丝、橙黄茭白丝、翠绿莼菜芽，亦是主角，口感平淡中见骨子，骨子清丽中显素雅，甚至有一说，张翰此菜重点是吴中茭白，然后才是莼鲈，不知何故，历史却把茭白冷落了。

茭白，植物名菰（*Zizania latifolia*），禾本科植物，正常的菰形态如同水稻、小麦类，六月开花，九月结实，但其茎如感染菰黑粉菌，就会膨大而成“茭白”。菰茎如不感染病菌而不膨大，也能作蔬菜食用，称为“茭儿菜”。古籍上名“苽”的菰，又名雁膳（《管子》）、菰梁（《楚辞》）、安胡（《七发》）、蒋实（《楚辞》）、雕菰（《纲目》）等，最常称的是“雕胡”。“胡”和“苽”同音，因猛禽雕喜食菰米，故被称为“雕苽（胡）”；雁亦喜食菰米，而又被称为“雁膳”。菰产的“米”被称为“雕胡米”或“菰（苽）米”，能像大米一样烧饭吃，食用历史至少3500年。中国古代素称禾、黍、麦、稻、菽、苽为“六谷”，故菰米在当时是重要的粮食。

李白诗“跪进雕胡饭，月光明素盘”，杜甫诗“滑忆雕胡饭，香闻锦带羹”，陆游诗“雕胡幸可炊，亦有社酒浑”，可见菰米曾经的辉煌。而菰茎，食用记载可追溯到《尔雅》：“蘧蔬似土菌，生菰草中。今江东啖之甜滑。”《本草图经》则首称茭白：“菰，今江湖陂泽中皆有之，即江南人呼为茭草者。生水中，叶如蒲、苇辈。春亦生笋，甜美堪啖，即菰菜也，又谓之茭白。”

古时川鄂湘及下游的太湖流域，都分布着大量野菰，春秋时浙江的湖州曾因到处生长着菰，被称为“菰城”。唐宋以后，栽培农业发展，驯化选育不结实而茎庞大的植株（茭白），野生菰的适生环境就越来越少，终至“雕胡米”消失，后人逐渐失了认识，明朝时的诗人甚至曾提问“雕胡米是什么样的食物”。如今，江南很多地方沼池野塘里，野生菰还顽强生存着，我曾在苏州常熟、无锡的河塘江边见到、采到过。

早年，加拿大和北美的大湖区边缘浅水沼泽里，生长着大面积的野生菰（*Z. palustris*或*Z. aquatica*），当地的印第安人会在秋天划着独木舟去采集菰米。据说印第安人采集菰米有独特的方法，先把将要成熟的菰穗捆扎成把，到成熟期一个人把穗头弯下来并张开树皮做的袋子，另一人用木棒轻轻敲打穗，让菰米掉入袋里，然后将穗头在太阳下晒干或用火烘干，再在地面挖一个坑，将装满菰实的树皮袋放进坑里，用脚踩踏脱粒。17世纪，欧洲人陆续进入大湖区，神父享尼平不认识菰米，描述为“湖中不经过任何耕种，生长着丰富的水生燕麦或野生稻”，因而北美洲的菰一直被误称，累及文献及后人。

有2500余年历史的苏州古城，原有的十座水陆并列的城门中，位于东南一隅的为“葑门”，陆门雄立，高悬“溪流清映”横匾，印证着水门临溪。《晋书音义》记：“菰草丛生，其根盘结，名曰葑。”吴地方志所释：“方言谓封为葑，葑者，茭土摎结，可以种殖者也。”因此，葑意思是菰草的根，以“菰根”命名的葑门外的湖泊水泽，确实菰草丛生、婆娑丰茂。“石湖居士”范成大说：“菰，即茭也，菰首，吴谓之茭白，甘美可羹。”苏州人的家常中，茭白通常切丝或片，清炒、炒毛豆、炒肉丝、炒雪里蕻；切成斜（苏州话同“船”音）刀块，油焖、红烧肉、烧汤。菜场买二斤活蹦鲜跳的籽青虾，用

售卖的茭白

水漂洗出虾子，即可做虾子茭白或虾子茭白酢。虾子茭白做法是将新鲜茭白切成长方体条块，用刀面拍松，上蒸笼，撒上放姜末、烹酒略煸的虾子，拌匀，不想烦的直接淋上些“采芝斋”虾子酱油；虾子茭白酢的做法是将吴江大头菜丝、豆腐干丝、茭白丝，用白酱油炒一炒。这两道都是正宗苏帮菜，前者还上了《舌尖上的中国》。

野生菰，花开似苇似茅，实米任意飘散零落，续了生命的自然演化。栽培菰，茎断如脂如玉，种子从此思虚梦断，由了残根月生年灭。一种植物，竟然有这样的两般命运。“菰蒲深处疑无地，忽有人家笑语声”。对于食者，则是皆大欢喜的了。赵筠《吴门竹枝词》云：“佳品尽为吴地有，一年四季卖时新。”茭白之于苏州，如同杭州的笋、山东的葱。诗人臧克家说：“写到家乡的菜，心中是另有一种情味的。”

禾草仆仆，把秋虫儿探

一雨成了秋，盛夏的繁荣就变为了记忆。至秋分已是清冷，植物还是绿的，只是有些东倒西歪的慵懒。秋虫儿却是活了，促织喓喓，阜螽趯趯，在深夜的空远里，啾啾唧唧。

不知谁将蟋蟀叫了“促织”，一个应景的好名，秋浓正添衣，“促人机杼意殊深，彻夜啾啾不绝吟”。苏州话中蟋蟀的发音为“才唧”，冥思苦想，不知此名何意，谐音？传讹？音转？均不是，千古之谜。老家大园子的后院，是捉蟋蟀的好场地，有很多垫了砖块的花盆，挪开花盆，那些砖间都是蟋蟀。“三枪”（母蟋蟀）是不叫的，所以，先要认真听，确定有振翅发聩的下手，才能得到好的“二枪”（公蟋蟀），继而欢天喜地。在虎丘后山草棵碎砖中，还捉到过一种方头蟋蟀，苏州人称为“棺材板”。

蒲松龄写道：“早出暮归，提竹筒丝笼，于败堵丛草处，探石发穴。”捉蟋蟀还是要有技巧的，蒲先生用的是高级工具，大部分小子和小娘鱼（鱼读eng，苏州话的小姑

马唐

娘），则用一方报纸卷成筒，一头折叠堵上，发现目标后，轻轻用开口的一头，迅速将蟋蟀“抄”（苏州话提起、导入的意思）入纸筒，再迅速将开口的一头也折叠堵上。回到家，放入泥制的蟋蟀罐养起来。蟋蟀吃什么我记不得了，有印象的是蟋蟀罐里常常有精致的叫水盂的瓷质小盆，长圆形或花瓣状菱形，描有图案，据说是蟋蟀喝水用的。

有了蟋蟀，就有了斗蟋蟀，才将始于唐、兴于宋、盛于明清的蟋蟀文化张扬到极致。斗蟋蟀，一定要有撩蟋蟀牙以激发斗志的探子，正宗的探子是用一根竹篾，头上绑一小段鸡毛翎管，在翎管上插三五根有弹性的鼠毛做成的，最讲究的上品，杆是紫檀，毛是从活的灰耗子身上拔下的胡须。老百姓们的“蟋蟀探子”，则多是用植物做的，因此叫“草探子”，有人称之“芡草”。细细算来，中国蟋蟀有273种之多，但斗蟋蟀的“草探子”却就那么几种植物，都是蟋蟀鸣唱时节结果了的禾本科植物。

秋分，草丛少了花，褪了色，兴旺的只是清一色的禾草。软薄秀长的禾叶间，挺出一枝枝犹如天线般的果序，摇曳秋光，这其中就有做草探子最常见的蟋蟀草（马唐属*Digitaria*的几种植物）。小时候做过的草探子，主要就是这个，但哪个种还真弄不清。做马唐探子，要有耐心和技术，选长一点的马唐果茎，将所有果序划分为二，两手各捏一半往两旁拉，使得果序柄分离但不到底，两边大小要均匀，如要丝长就拉长点；再沿茬口将劈开的连柄果序向下折弯，左手持草，尽量靠近草的茬口，右手沿草皮慢慢向上提起，将草皮与皮内物分离，草皮就成了很长的丝，草探子就做好了。行家们还要卷草锋，拿张干净的纸对折后，用大拇指和食指轻轻地夹着草探子，用另一只手轻轻地旋转草秆，一边转一边往外拉；最后把做好的草探子放锅里蒸，取出放平阴干。现在有专门经营草探子的，据说有30年的成草。

早年的《嘉兴府志》将牛筋草（*Eleusine indica*）记为蟋蟀草，但其实牛筋草很难拔丝，即使拔出，丝也又粗又短，很难打开蟋蟀的牙，所以从没见人用其做草探子。倒是经常会将它拿来斗草，斗的双方各拿一根牛筋草果茎，交叉用力拉，谁的草断了谁就输了。牛筋草所在的䅟属在我国有两种，除了牛筋草，还有䅟（*E. coracana*），是已被驯化了的栽培植物，长江流域一带多有种植，别名鸭爪稗、龙爪稷、鸡爪粟、雁爪稗、野粟等，这些别名基本上是形容穗子的形状。黄棕色的种子可磨成一种带苦味的粉末，可食用。

奇怪的是莎草科一种植物，叫蟋蟀薹草（*Carex eleusinoides*），分布在吉林海拔1700～2500米的高山冻原，和暖软的秋风、野闹的抓蟋蟀，怎么也联想不到一起。而且，上下互生的参差小穗，让果茎无论如何做不出轻絮长丝的芡草来。光看叶，和禾草差不多，但它却是和禾草完全不一样的莎草科植物。至于为何名中带"蟋蟀"，遍查资料，不得而知。

切切暗窗下、喓喓深草里的秋虫，不止普通的蟋蟀及一种叫油葫芦的蟋蟀，还有叫哥哥（蝈蝈）、知了（蝉）、唧蛉子（双带拟蛉蟋，与蟋蟀同科）等。鸣唱在秋天的田野中，此起彼伏，把人的心情都搅得快乐清亮起来，但是这些虫子不斗，也就和禾草没有了关系。小时候，班里的男生喜欢玩洋虫（九龙虫），装西药的小玻璃瓶，或者用完了的百雀羚盒子，放几绺棉花，几只几毫米长、浑身暗黑色的虫子就养在里面，天气稍冷，就得连盒捂在衣服里。拥有的人很自豪，小心翼翼地打开盖，显摆给女同学们看，有时瓶中繁殖出新洋虫了，也会赠送给别人，到最后，所有男生都有了。饲喂洋虫要好东西，于是小子们从家里偷出大枣、核桃、桂圆肉，甚至灵芝、西洋参，好在洋虫吃量不大，但免不了遭大人们呵斥。不过，洋虫是不会叫的虫子。

斗蟋蟀

秋分，也是风入蒹葭秋色动、雨余杨柳暮烟凝的时节。“蒹葭”即芦苇（*Phragmites australis*），亦是禾草，春出苗，夏茂叶，秋飞絮。初生的芦苇称为“葭”，开花前称为“芦”，花后结实称为“苇”，因而，芦苇涵盖了蒹葭、葭、芦、苇等诸名，也衍生出很多特有的词汇，比如“葭帘”是细秆编的帘子，“葭蘧”是粗秆编织的席子，“葭莩”是制笛的秆内膜。秋风中，禾草们都进入了生命的盛花期，花不艳而朴实，不香而淡然。蓝天白云下，一道道独特的风景，“共秀芳何远，连茎瑞且多。颖低甘露滴，影乱惠风过”。

“七月在野，八月在宇，九月在户，十月蟋蟀入我床下”。蟋蟀在广阔的田野间竖翅扬威，饮露眠草。老家的洋房，曾经几户人家有一公共浴室，室内垫木浴盆的青砖下，某天有了震耳的鸣叫声，那就是到了蟋蟀入户下床的季节了。鲜草已是断茎残叶，但蒸好阴干的芡草开始有了用武之地。

秋虫为了求偶，鸣叫；草为了繁殖，结果；草为了秋虫，牺牲；秋虫为了草，成就诗篇。

司晨，无人起舞；司花，染红深浅

“苹汀蓼岸荻花洲，占断清秋”。走在石湖堤上，见蓼花红淡苇条黄，才始觉，虽风和日丽、天高云淡，却是到了秋深寒露至、气冷凝空流的时节。满城流金泻银的桂花，不知什么时候，所有的芳香戛然而止，仿佛随着中秋的一轮圆月远去。湖边的花圃里，百来枝凤仙花（*Impatiens balsamina*）丹袂翠翘秋色里，在明黄色的硫华菊、红粉色的乱子草以及五彩艳丽的百日菊比照下，雪色白边袍色紫，更饶深浅四般红。

看到凤仙花，就想起稍早些开花的鸡冠花（*Celosia cristata*），以及夏日开放的太阳花（大花马齿苋，*Portulaca grandiflora*）、夜饭花（紫茉莉，*Mirabilis jalapa*），这几个平民花卉，是有怀旧情结的标志性植物，家乡苏州有园必见、见土即生，如今倒是很少见到。20世纪五六十年代出生的人，每个人的童年，都有夜饭花的芳香和太阳花的灿烂，每个人的少时，也都有鸡冠花的青涩和凤仙花的萌动。

说来奇怪，鸡冠花原产非洲、美洲的热带，太阳花原产巴西，夜饭花原产热带美洲，却成了中国民间最喜闻乐见、广为种植的寻常花卉；凤仙花虽原产中国，却早已随着人类的筛选、培育，消失了野生物。然而，草无国界、花无家野，如果成了伴园成员，就会被视若家人般地自在。偶尔走在乡间小道，羊角豆缠松叶架，鸡冠花隔竹枪篱，依稀能见一二。累累叠叠的大块鸡冠状花序，恰似一枝秾艳对秋光，妆成“墙东鸡冠树，倾艳为高红。旁出数十枝，犹欲助其雄。赪容夺朝日，桀气矜晚风。俨如斗胜归，欢昂出筠笼。”数不清，多少朵细花，才织成谢家新染紫罗裳，又像是颅顶锦，却是只欠晨曦一声啼。

鸡冠花红白黄紫皆有，球羽矛冠多姿，恋秋，愈深花愈盛，面寂寂园池，对萧萧风雨，肯与时节老。古人曰“禁奈久长颜色好，绕阶更使种鸡冠”，尤其是白鸡冠花，被誉为“鹿葱花尽凤仙空，一种奇葩色不同。似带冰霜归老笔，肯随篱落斗群雄”。明人仲弘有长赋，道尽了鸡冠花的风骨品性，是谓：“瘦梗寒条，较芙蓉而更寂；疏根朗叶，对篱菊其多思。”“凉飙凛凛兮，摧之不能摧；风霰飘零兮，欺之不可欺。尔于是强项独发，傲骨生姿。朱紫奋采，黄白争奇”。

被称为“花中之禽”的鸡冠花也曾跻身过名花之列，在《花经》中列“八品二命”；《天禄识馀 · 鸡冠》说其又名“波罗奢花”，显然有梵语痕迹，也符合其原生地印度。何时入中国，说法尚不一致，只不过略阅故纸堆中的唐诗宋词时，知宋代已有“丹裳浥露承秋重，赤帻临风唱晓分”，因而有了很多题名为《鸡冠花》的诗作。古代民间视鸡冠花为吉祥物，祭祀必用，南宋袁褧《枫窗小牍》记道：“鸡冠花，汴中谓之洗手花，中元节前，儿童唱卖，以供祖先。”

“商女不知亡国恨，隔江犹唱后庭花。”《后庭花》乃唐教坊曲名，后用作词调名，又名《玉树后庭花》，但真有人去探究后庭花是否有对应的植物。苏辙云：“或言矮鸡冠即玉树后庭花。”王灼曰：“吴蜀鸡冠花有一种小者，高不过五六寸，或红，或浅红，或白，或浅白，世目曰后庭花。”矮鸡冠花、小鸡冠花，似鸡冠花而非鸡冠花，却带出了同属另一种植物青葙（*C. argentea*），也被称为野鸡冠花，即苏辙、王灼认为的“后庭花”。青葙野生于平原、田边、丘陵、山坡，疏离枝叶间，粉粉白白的无分枝塔状或圆柱状穗状花序，形似小动物尾巴。青葙花很美，只因随意立足世间，而让人们在不经意间惊喜。冬日扒开积雪，依旧能看到，走过暑热秋霜的花朵，冻存的生命经久不凋、绚色不褪，诠释了其“真挚永恒”之花语。

凤仙花的鸡冠花

鸡冠花和青葙的种子除药用，也可掺入面粉食用，从前救荒，现在养生；嫩苗、嫩茎叶、嫩花序浸去苦味后，可作野菜。雪白的馒头、汤圆，点上鸡冠花砸出的红汁，如同清香弥漫了的生活。豆蔻小女捣烂鸡冠花成糜，敷甲而嬉，在南方的月亮北方的太阳下，穿越时空。齐白石老人爱画柿，也爱画鸡冠花，数量众多，题画云："老眼朦胧看作鸡，通身毛羽叶高低。客窗一夜如年久，听到天明汝不啼。"诙谐又忧伤，若无奈苍老之至。

近年中国的凤仙花家族里，渐渐有了非洲的苏丹凤仙花（*I. walleriana*）、赞比亚凤仙花（*I. usambarensis*，《中国植物志》定名为大理凤仙花）等进入国内花市，进而进入百姓家中，甚至在观前街的街头花坛里都能见到，但这些种类真的和凤仙花不是一个风格，似乎少了"青冠轻举真仙子，彩羽来仪瑞凤儿"的灵气。

常见的凤仙花单瓣或重瓣，色彩有大红、紫红、粉红、白色，更多的是卡着比色板也对不出的中间色、过渡色。极平凡的草本植物，植株不高也不矮，叶片不宽也不窄，花朵不大也不小，比较特别的是花的深舟状唇瓣，其基部急尖成长长的内弯的距，让人一下就记住了这类植物的特征。初见"凤仙"名之《本草纲目》云："其花、头、翅、尾、足，俱翘翘然如凤状，故以名之。"栽培的凤仙，未见过有黄色花，但中国有约220种名中带"凤仙花"的植物，绝大多数野于山郊，且不乏黄色花，比如我国特有的牯岭凤仙花（*I. davidii*）、错那凤仙花（*I. conaensis*）、海南凤仙花（*I. hainanensis*）等。

从前之人，闲情逸致，喜做花谱、卉谱、木谱之类，清人赵学敏是个医学家，成名作为《本草纲目拾遗》，他仅耗十日之功，撰成如今已"片叶无存"的《凤仙谱》，上下两卷约3万字，考名实、论品种、谈莳养。开卷的"名义"，集古论今，才藻富赡，俨然一篇博物好文。《凤仙谱》描述的花色有大红、桃红、淡红、紫、青莲、藕合、白、绿、黄等，

鸡冠花

还描述6个绿色品种，多为花细密如球、累累倒坠，似乎不像是凤仙花的品性，也不是凤仙花属的特质，难怪后人多有质疑。虽说如梵净山凤仙花（*I. fanjingshanica*）、蓝花凤仙花（*I. cyanantha*）等也有着常见凤仙花无法想象的蓝色或紫蓝色花，但毕竟是有着凤仙花的模样的。白色的凤仙花最不起眼，据说亦能染红指甲，老家园子里的邻居，会在阶下墙角种植几株，说能辟蛇，有典无证，毕竟城里的花园也不会有多少蛇。

唐代始见栽培、宋代已有不同品种形成的凤仙花，一名“海蒳”，一名“旱珍珠”，一名“小桃红”，一名“好女儿花”，对这些名字，文人骚客们有无数的解读和附意。民间俗见“染指甲花”和“急性子”两名，前者应着功能，后者应着果实的行为。成熟后显得有些透明的纺锤形蒴果，轻轻一碰，便会青瓣裂卷，弹射出黑色的种子。“曲阑凤子花开后，捣入金盆瘦。银甲暂教除，染上春纤，一夜深红透”。据《采药录》等文献，流存久远的染甲习俗，战国已现，唐宋盛行，《癸辛杂志》记：将凤仙花捣碎，加入少许明矾，再浸透到棉纱上，缠裹在指甲上一晚，如此重复三至四次，指甲则可染至深红色。这些时候，人就成了花的俘虏，这样的日子，流淌出的便是安静和美丽。女孩子们做着一个个美丽的梦，嫣红的娇艳，渴望的甜蜜，在指甲花的汁液中慢慢涂抹，慢慢浸润，慢慢烙印。

秋霜、蛩泣、晚风、篱落、燕归，寒露走向深秋，透着冷凉。快过了花季的凤仙花，如它透骨的功效，透过满眼风霜的景物，守着闲淡的日和宁静的夜，半痕奇艳添微粉，几瓣新红染翠钿。一个季节和一种植物，在失去关联后，花的魂魄便醉在了季节的梦里。趁着凤仙花红叶绿还堪时，采些新叶浸酒，摘些嫩芽烫晒，取些肥茎腌渍，留些种子煮肉，如是，则在“西风一夜，纷纷红紫，多半萎墙东”的时节，念想“一朵妖红，点破江烟晓”的光景。

至于鸡冠花，那个“实秋为鸡冠花”的故事里，冰心是这样说的：“一个人应当像一朵花，不论男人或女人。花有色、香、味，人有才、情、趣，三者缺一，便不能做人家的一个好朋友。我的朋友之中，男人中只有实秋最像一朵花。虽然是一朵鸡冠花，培植尚未成功，实秋仍需努力！”才、情、趣，人之高品，可遇不可求，梁先生有之，是他的大修。若做朋友，其实大可不必苛求，无非是见面不见面，交心不交心，想念不想念。一轮明月安详，鸡冠花开恰好，每天再书几行文字，与晨光中的微粒，相匀称。

一藤拉到秋天里

植物中，有很多叠音名，如猪殃殃、拉拉藤、茴茴蒜、香科科、打破碗花花，如同儿童的歌谣，上口幼稚，清音无邪。其中的“拉拉藤”，与其余几个不同，它不是植物的正名，而是大麻科植物葎草（*Humulus scandens*）的别名。葎草，又作“律草”“勒草”，特点是“蔓生、叶似大麻、一叶五尖”或“叶似草麻面小薄，蔓生，有细刺。”勒草之名最早出自《名医别录》，而名出《唐本草》的“葎草”当是勒草的讹音，出处注明是药用植物。

昼夜温差大且秋燥明显的寒露节气，如你认真去姑苏之野地找葎草，草丛树林、花坛苗圃皆不易得，宋代《图经本草》早就指点：“所在墟野处多有之。”果然，拆迁工地、断壁残墙、荒草短棵，你马上可见铺天盖地的葎草丛，恣意而横行，自在呈霸气。其资本是，除了全草做药用，其茎皮纤维可作造纸原料，种子油可制肥皂，嫩茎和叶可做食草动物饲料。《救荒本草》称葎草为“涩萝蔓”，言其嫩叶和嫩芽人亦可煮熟而食，苦度荒年。

曾有报纸刊登文章说："春天的季节性花粉过敏源植物中有葎草。"硬是将夏天开的葎草花当成春天的杀手，由此感叹科普真的很重要。益草也好，害草也罢，葎草等闲平凡，神奇之处是它的雌花以及它的两个"兄弟"，这在上段引的本草记载中已露端倪，"叶似大麻"。是的，葎草所在的大麻科一共就2属4种，有同为葎草属的亲生兄弟，风靡全球的啤酒花（*H. lupulus*）及只分布云南的滇葎草（*H. yunnanensis*），还有邻家兄弟——麻醉品大麻属的大麻（*Cannabis sativa*）。

我比较喜欢喝啤酒，尤其是生啤，虽然量只能二三杯，但一念清冽的苦味，二喜泡沫的微醺。啤酒和蒸馏酒（中国的白酒）的制作有诸多的不同，首先前者原料为谷芽后者为粮谷，其次前者发酵物为液体后者为固体，再者前者发酵用啤酒酵母后者用曲或酒母，过程太复杂，本文不科普酿酒技术就不再赘言。白酒发酵所用之"曲"，可是个浸透了中国传统文化的物什，老百姓在千百年的酿酒历史中，发现了很多野生植物如土茯苓（*Smilax glabra*）、何首乌（*Fallopia multiflora*）、柳叶蓼（植物名绵毛酸模叶蓼*Polygonum lapathifolium* var. *salicifolium*）等，可直接代"曲"使用而形成风味独特的产品；而啤酒制作中，啤酒花既不是原料又不是发酵物，但却常用而有专名"啤酒花"。

啤酒花雌雄不同株，入啤酒用的是雌株的果穗。1079年，啤酒花被德国人首次在酿制啤酒时添加，主要功效一为具芳香和苦味，二为天然防腐，三为造出泡沫，四为澄清麦汁。如此，没有啤酒花加入的麦汁酒也可以叫啤酒，但却是没有灵魂的啤酒。正如莱茵河畔的女作家希尔德加德的小说*Physica Sacra*中所说："如果你坚持燕麦发酵不使用啤酒花，那你只能得到戈兹（一种传统德式香菜风味发酵酒）。"现在

葎草

的啤酒花大部分是栽培的，国内外都有，每个产区啤酒花的品种或品系有所不同，比如英国的Flemish、Canterbury、Goldings、Farnham品系等。啤酒花香也各各不同，如德国产啤酒花有辣、木香、胡椒或薄荷味，捷克产的有泥土、花香混合味，美国产的有柑橘味，中国产的有花香韵味等。

除了大洋洲，其他各大洲目前还都分布野生啤酒花，中国的新疆、甘肃、四川北部也均有。一样的茎，一样的枝密生绒毛，一样的倒钩刺，只因野生啤酒花的分布区狭窄而不同于葎草的广泛，很多人都没能在野外见过这种神奇的植物。同样，因和啤酒花有诸多相似，葎草雌株的果穗，也可替代啤酒花作酿造啤酒的原料。不知野啤酒花啤酒，以及葎草啤酒会是怎样的味道，很让人向往。

再说说葎草的另一个远房兄弟大麻，现在已完全没有野生只有栽培品，因此对于其起源有诸多的阐述，有认为起源或归化于不丹、印度，有认为起源于波斯，也有认为起源于中国的黄河流域和华北地区。不管怎么说，大麻曾是我国重要的粮食作物。在《周礼》中被列为五谷“麻黍稷麦豆”之一，麻指的就是大麻籽粒，古称“苴”。很快，茎皮纤维长而坚韧的大麻，不作粮食作物而成为纤维作物，可纺线织麻布、制绳索、编织渔网和造纸，如果不考虑它是麻醉品而限制种植的话，大麻纤维恐怕是世界上最优等的纺织原料。如今时装中，棉麻的麻，主要是苎麻、亚麻和黄麻等，而不是大麻。

攀缘、多年生、叶片对生的葎草，和直立、一年生 、叶片互生或下部之叶对生的大麻，仅凭这几点形态特征，就能准确区分。长茎落落，卉木蒙蒙，其叶蓁蓁，穗花离离，用来形容这类植物十分贴切。为了写此小文，我忍着拉筋划皮的痛苦，去野地里

葎草雌株的果穗，也可替代啤酒花作酿造啤酒的原料

细细观察过几次，和啤酒花一样是雌雄不同株的葎草，雌花十分稀少，而且果穗更小巧；雄花则花序庞大，黄绿色小花茂密而显得琳琳琅琅；长着掌状五深裂麻叶的青蔓，自由舒展，旁若无人，向树干、向枝梢、向天空。

苏州古城门共有8座，“西阊、胥二门，南盘、蛇二门，东娄、匠二门，北齐、平二门”，匠门即现在的相门。2500多年的漫长岁月里，苏州城墙由土城变砖城，气势磅礴—消失—再造，终是留住了岁月，留不住陈迹，留住了时光，留不住旧影。或是盘门，或是阊门，总之亦都只有修旧如旧的残壁破砖，如同历史不再完整的姑苏城墙，不过，那里葎草葳蕤，生机蓬勃。前湖乌桕树道旁的水边，葎草正在一大片一大片地开花，“葎胥”（黄钩蛱蝶，喜食葎草而得别名）褐翅翻飞、足节敏捷。

英国作家理查德·梅比《杂草的故事》里说：“我喜欢这种把杂草当作考古物件来挖掘的想法，它们像箭头或旧书信那样呈现历史，描绘着我们的习惯和信仰。”是的，曾几时，谁人摘葎花？谁人酿葎酒？

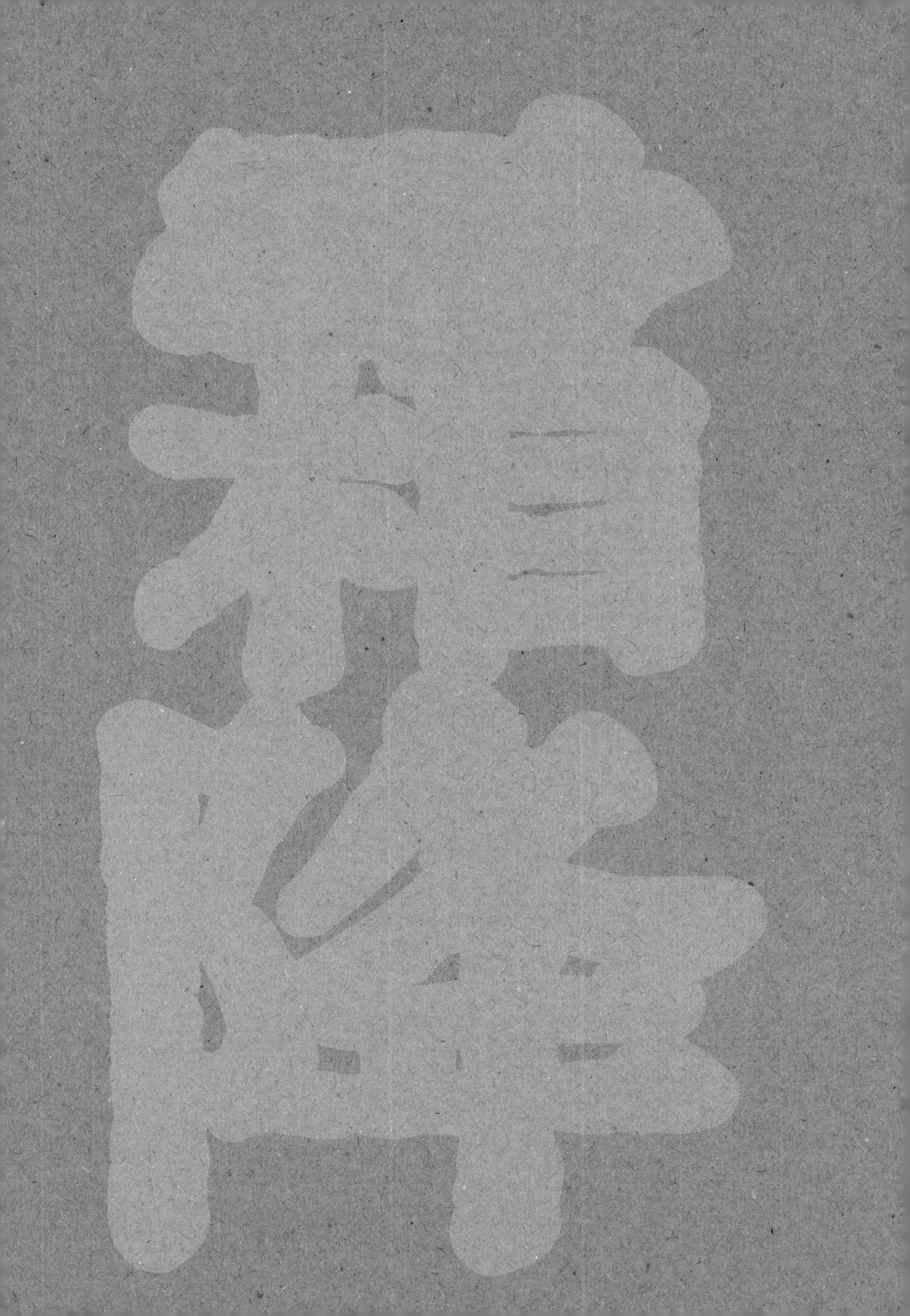

青枝错处，黄叶生，白果落

年年看银杏叶，从滴翠横铺的初春，到蓄金翻飞的深秋；从苍水盘桓的西北，到青山玲珑的东南。那，看到了什么？二叉旧脉渗透高蕨绰影，全裸古子勾勒二叠风光，累累白“果”探究犹青还熟，密密年轮追溯公孙岁月。深秋的银杏，还有满枝“鸭脚子”，“鸭脚子”是银杏种子古名，李时珍《本草纲目》曾记载：“白果，鸭脚子。原生江南，叶似鸭掌，因名鸭脚。宋初始入贡，改呼银杏，因其形似小杏而核色白也，今名白果。”

银杏是古生代末期的孑遗裸子植物，白垩纪被子植物迅速崛起时，它的大部分同类植物迅速衰落，至晚白垩纪基本绝迹，而银杏成为存世之唯一物种。银杏，树有雌雄之异，雄树繁花粉，雌株衍后代；枝，有长短之差，长枝长叶，短枝结子；叶，有部位之别，短枝叶簇生、常具波状缺刻，长枝叶螺旋散生、常2裂；球花，有形态之分，雄的葇荑花序状，雌的具长梗，梗端两叉各顶生一个胚珠，但常常只有一个发育成种

子；种子（白果），有生熟之色，肉质外种皮生时碧青，熟时黄橙。白果之白壳，为骨质中种皮，需费劲去除的红褐色膜，则为内种皮。风雨飘摇，摇落黄叶，也摇落了种子，不拾，臭味弥漫、满地污迹；拾起，则需堆烂清洗、弃废存真，恰似烂银破壳玻璃明。偶有顽皮孩童用手除外皮，不一会就会疱起肉烂，因为有毒的外种皮含腐蚀性的白果酸、白果醇及白果酚。

野生的银杏树，如今仅在全世界3个地方存世，中国东部（浙江天目山为代表）、西南（贵州务川、重庆金佛山为代表）和南部（广东南雄、广西兴安为代表）。天目山的我见过，在海拔500～1000米的山路边可见，几人合抱不及。栽培银杏范围甚广，东北至华南，华东达西南，且不乏数百年、上千年的老树，似乎眼及之处均可见。一入深秋，有银杏树的地方仿佛成了梦幻世界，比如在苏州园林，狮子林真趣亭外的承千年风雨，留园池畔假山上的数百年春秋；太湖洞庭东山、西山，古村落中的粗木参天，老宅园里的金光普照；就是街上，道前街、桐泾路、新市路，均是一道道的漫步看景盛宴。南京，银杏则是和城墙黛色、钟山霁云、民国风情作浑然天成的结合，当法国梧桐之链绿了变褐、黄了转青，银杏的天空也作着碧翠—深墨—明黄的变迁，收纳琉璃瓦面的细尘、石人马上的苍苔，吐露明王朝代的兴衰、总统府邸的悲欢。南京的银杏还属于高等学府，南京大学鼓楼校区杏影绰约，靠天津路的东围墙，高大的一排，树枝直探出栅栏，站在汉口路叉处，便可远远望见一排明黄；南京师范大学随园校区，草坪边两棵百岁老树冠盖教学楼，黄叶与东方最美校园的亭台楼阁交相辉映。

为什么银杏和寺庙结合十分紧密，以致形成有寺必有银杏树的局面？我一直不很清楚。初创于唐咸通年间的苏州定慧寺，几毁几建，但大雄宝殿前两株银杏高耸入云，已守候古寺300余年，默记着寺庙沧桑变迁；苏州镇湖万佛寺内万佛塔为宋代遗物，塔旁千年古银杏，亭亭华盖，遮挡着石塔昼夜风雨；西安终南山古观音寺，1400年前李世民手植；成都青城山天师洞，1800年前张道陵亲栽……“缭绕香烟处，茂荣青枝错。谁道禅房寂，鸟踏黄叶落”。查了不少资料，大致的说法，一为银杏树寿命长，树体高大雄伟，最能衬托寺院宝殿的庄严肃穆，故而代替无法在寒冷地带生长的菩提树。二为银杏秋天满树的黄叶，与僧人袈裟颜色相得益彰，寓意不与凡尘俗物混同。三为银杏木质软硬适中、纹理细密，适合雕刻菩萨坐像、立像和制作木鱼，是像，其指甲能微薄如真，故银杏又称“佛指甲”；是木鱼，则敲击如远空而来的天籁声，使人空神、凝神、安神、逸神。

坐落太湖西岸的宜兴周铁镇，村头城隍庙前有一棵1800岁的古银杏，传为三国时孙坚之妾丁氏（吴国太）所种，如今已是参天庞然。近年去周铁采样时有幸拜访，该树奇在三米高处有树瘤如平台，长满苔藓，早年人可置上品茗闲坐，或把酒吟唱，看日出霞归，观朝云暮雾，东坡、蒋捷等已有欢聚于此，留下“身在银杏树上住，身赴桃园神仙府”等诗句，如今作为保护名树，自然人近不得。一条运河自北向南穿过周铁镇，古老的周铁桥架在河上，河的两岸都是古朴的房屋，曾经听过一个传说，这棵古银杏是该地的航行标志物，周铁的渔民们在渺茫湖水中见到这棵树，就看到家的方向、岸的际线。知道了这个功能，我留意了，古代的银杏树果真在很多地方都作为航标，上海吴淞口、杭州钱塘江两岸和太湖岸边的村旁和旷野，常栽种零星高大银杏，作飞机降落的参考航标，也作渔民引航标志，保佑百姓船运平安顺利，亦能隐约想见荆衣白发的古人翘首盼望走水路归来的儿孙们的情景。

银杏

国人对银杏的利用“始于秦汉，盛行于三国，扩展于唐，普及于宋”，梅尧臣有“去年我何有，鸭脚赠远人”，陆游有“不饤栗与梨，犹能烹鸭脚”。白果均只熟食，熟透了的种仁翡翠绿色，有些透明。老苏州人吃白果很讲究，几岁的人只能吃几粒，7粒封顶。“烫手炉来……热白果……要吃白果……就来数……一粒开花……两粒大……香是香来……糯是糯……”那时候买热熟白果如买糖炒栗子，小贩挑一副一头炭烤炉一头笼子的担，有人买时，小贩掀开炭烤炉上镬子的盖，在笼子里抓一把白果放到镬子里，用一片大河蚌壳翻炒，炒到白果噼噼啪啪爆开就好了，现炒的白果，糯香苦甜。现在的白果多半只在菜肴里见到，纯吃的少了，每年朋友馈赠一匾圆鼓鼓、白亮亮惹人喜爱的种子，简化到数好14粒，将一头略夹开，装入牛皮纸信封，微波炉转2分钟，和外子每人7粒趁热分食。

虽然民间古说百十种，世上老树万千棵，离奇的是，北宋诗人梅尧臣得出的结论仅仅是一句：银杏“神农本草缺，禹贡夏书无”。郭沫若先生在他的散文诗《银杏》中也写道：“大家都忘记了你，而且忘记得很久远，似乎是从古以来。我在中国的经典中找不出你的名字，我很少看到中国的诗人咏赞你的诗，也很少看到中国的画家描写你的画。”深山里遭受大自然劫难而幸存的零星野银杏树，以宽容的姿态、温存的面目，繁衍满世界的子孙，却固守着基因的纯粹，如同冰川避难所浙江丘陵中同样孑遗的石门金钱松（*Pseudolarix* amabilis）、百山祖冷杉（*Abies* beshanzuensis）、普陀鹅耳枥（*Carpinus* putoensis）、天目山的羊角槭（*Acer* yanjuechi）、星花玉兰（景宁木兰 *Yulania* stellata）。信手拈起银杏叶片，细观，进化静滞，以相同的形态、脉序比肩上亿年前的化石，这种固守和坚持，放入地球如此长久的日月星辰跨度，如此剧烈的沧海桑田，究竟是怎么做到的，又究竟是为了什么？

深秋，众树的叶片由黄逐渐枯萎，带着些许颓废和败落，唯银杏叶黄得彻底而纯粹，灿烂而唯美，孤傲而通灵。蝴蝶完成生活史而死，银杏碧叶会翻成金黄，又飞出满园的彩翅；果实承受冰雪冻而凋，银杏种皮会挂满霜白，再结成一树的丰收。四望峰山，满目烟岚，银杏擎天，圈圈点点皆是文章。

黄花开尽未必菊

“秋季之月，鞠有黄华。”陆德明释文：“鞠，本又作菊。”故而，“黄花”“黄华”“黄英”等一直被国人认为是菊花（*Chrysanthemum × morifolium*）的别称，“圆花高悬，准天极也；纯黄不杂，后土色也”。但是，人们所看到的菊花色彩缤纷，不独有黄；而秋草野丛，黄又不独为菊，比如与菊同属的野菊（*C. indicum*）、甘菊（*C. lavandulifolium*）、委陵菊（*C. potentilloides*）、黄花小山菊（*C. hypargyreum*），以及同科不同属的千里光（*Senecio scandens*）、大吴风草（*Farfugrium japonicum*）、大花金鸡菊（*Coreopsis grandiflora*）之类。

说菊花，当《中国植物志》为英文版后，不仅菊属的拉丁名变了，“菊花”这个物种也消失了，代之以这群栽培品种群，成为“几个世纪以来发展起来的一个庞大的杂种复合体”，除了明确主要亲本是野菊花，其他来源不清楚。虽说栽培菊花姿态各异，品相万千，但“菊花”源自中国，早已深入人心。

看《红楼梦》，诸多文学情趣令今人艳羡。第三十七回，海棠诗社成立，宝钗帮湘云拟题“以菊为实，以人为虚”。翌日，黛玉、宝玉等分别作了十二首菊花诗题，串了菊花的一年春秋。“忆菊”寄忧，观之不得，唯有忆；“访菊”解怜，忆之不得，外出访；“种菊”用心，访之不得，自栽种；“对菊”宣情，种之已得，念诗对；“供菊”庆幸，对之感得，细玩供；“咏菊”颂美，供之又得，对月咏；“画菊”描影，咏之再得，留青画；“问菊”求知，画之索得，费学问；“簪菊”美发，问之采得，笑痴簪；“菊影”醉魂，簪之摇得，弄清影；“菊梦”伤意，影之幻得，诉旧梦；“残菊”悲秋，梦之失得，散枯残。这是大观园的小儿女们，闲作秋色空泛愁，不览世事度清苦。

唐代之前的诗作中只能见到黄色菊的描述，至唐代，就有了白居易“满园花菊郁金黄，中有孤丛色似霜”、陆龟蒙“还是延年一种材，即将瑶朵冒霜开”等对白色菊花的赞颂。到了宋代，栽培菊广泛发展，《菊谱》问世。尽管栽培菊中黄色花品种多如繁星，并且栽培菊的起源时间不详、起源种类不明，然《礼记·月令篇》的“鞠”终究起始于对野生物的描述，故而“鞠”是野菊、甘菊，甚至是与野菊等形态、开花季相似的千里光等，其实是没有明确指向的，因为古人不是植物分类学家，后人也没有确切的溯源证据。《山海经·西山经》曰：“峚山，其上多丹木，员叶而赤茎，黄花而赤实。”可见，“黄华”可泛指黄色的花。宋赵孟坚《清明》：“节近清明长是阴，黄花间在麦苗深。”这里的“黄花”显然指油菜、青菜花。而“黄花木耳”的黄花，指的又是萱草科的黄花菜，饮食人家称之为金针菜。故“黄花”“黄华”实为多义词，指的是好几种植物。

霜降季节的苏州，残留的斑驳古城墙上，时而大片大片的黄花起伏，覆盖了时光的缝隙、岁月的枪眼；时而单条独枝金菊摇曳，掩映着常绿的薜荔、凋红的络石。这

“城上黄花散漫生，溪头绿树忽阴成”

些小黄菊花是野菊还是甘菊实在难区分，因为自然杂交发生太普遍，使得鉴别特征似是而非。同时，两个种各自的种内变异也很大，植物志将甘菊花和叶形态变异列了一些变种，又将南京人奉为至宝的菊花脑归为野菊，但其实它的形态与野菊相差甚远。元代吴瑞的《日用本草》曾给出了一个释义：“花大而香者为甘菊，花小而黄者为黄菊，花小而气恶者为野菊。”但演化至今，已全然不是那么回事了。

“不知时序晚，野菊有黄花。”野菊花的美是壮烈的，鲜得清冽，香得浓苦，就像秋风的纹理，冬霜的晶格。葛洪《抱朴子内篇》记：南阳郦县山谷有一条小溪，谷中长满菊花，花落水中，溪水渐渐变得异常甘甜，人称甘谷水，“食者无不老寿，高者百四五十岁，下者不失八九十，无夭年人，得此菊力也”。葛洪何许人？东晋道教学者、著名炼丹家、医药学家，自号抱朴子。道人四季花为粮，骨生灵气身吐香，但这山谷中的菊花，定是野菊或是其他黄花菊。野黄花菊的力量，仿佛一夜间，洇黄山峦林地旷野，染金荒坡残垣空间。

去野外采风，常见路旁篱上蜿蜒着千里光，一朵一朵小黄花手拉手，簇华葳蕤，以为自己判断有误，查志乃知，原来千里光真的是攀缘草本。千里光出自《图经本草》，别名堪多，如《图经本草》的黄花演、《纲目拾遗》的黄花草、《滇南本草》的黄花枝草，还有《江西民间草药》的黄花母、《福建中草药》的软藤黄花草，不知古籍中“黄花已满东篱”“行边无处不黄花”的“黄花”，吟的对象中是否有千里光。反过来，叫“千里光”的又未必都是菊黄，譬如《滇南本草》中的千里光是伞形科天胡荽（*Hydrocotyle sibthorpioides*），苏州人的千里光是毛茛科女萎（*Clematis apiifolia*），山西人的千里光是豆科决明（*Cassia tora*）等。

野菊

仙道毕竟不为常人普及，但提示了人们，菊花是可以吃的。“朝饮木兰之坠露兮，夕餐秋菊之落英”。菊之茶、菊之酒、菊之饮、菊之菜，早已在陶五柳的酒樽、苏东坡的餐盘、陆放翁的茶壶。宋代《全芳备祖》谓菊花“苗可以菜，花可以药，囊可枕，酿可以饮。所以高人隐士篱落畦圃之间，不可一日无此花也”。菊可吃，野菊、甘菊自然可以吃，南京人之菊花脑早已成为餐桌上的日常，不同于芦蒿（植物名蒌蒿，*Artemisia selengensis*，这又是个在英文版《中国植物志》中消失的物种）、紫菜薹（*Brassica rapa* var. *oleifera*），菊花脑始终不入苏州人的菜谱，至今依然。

“历寂黄花老涧傍，不因风雨减清芳。从教衰谢随秋草，到了能全晚节香。”这是宋代高翥赞美野地黄华的《涧傍菊花》。而那茅山脚下，陶公有草屋小院，想必他们都不会计较物种与植物名，金灿灿的秋黄花，本当融了千里光的柔曼、一枝黄花的松涩、甘菊的美丽和野菊的芬芳。霜结精华，植物凝魂魄，霜降节气，黄花不负秋。

清霜尽染柿红

柿子（*Diospyros kaki*）熟了，红若焰，黄抹金，青得闪烁生光。北宋诗人张仲殊曾赞美柿子："味过华林芳蒂，色兼阳井沈朱。轻匀绛蜡裹团酥，不比人间甘露。"即便是在姑苏城里，一抬头的院墙上，或者一拐弯的街角里，不经意间，就能看到一枝横绿，满树火色。少雨的深秋，一夜细淋，本就蜡层薄薄的叶面，更是洇气弥蒙，坐在窗内，都仿佛能听见天井里，滴水敲砖的声音。

柿树实在是个平常极了的物种，因与"事""世"等字谐音，古人便将诸多喜庆吉祥的内涵融入其中，如"事事如意""事事安顺"等，老百姓们常会在家园种植一二。自喻为"柿园先生"的齐白石，好画柿并题字吉祥，尤其是青灰色的方柿。"数株红柿压疏篱""墙头累累柿子黄"，成熟的柿子大多数是红的或者橙黄色的，因繁多的品种而不固定，杭州西溪叫"火柿"的野柿子，是我所见过的最红的柿果，不枉此名。山西、山东有一种，当地叫"黑柿"，花、果均为黑色，比较稀罕，但和野生于海南西南部的黑柿（*Diospyros nitida*）完全不是一回事。

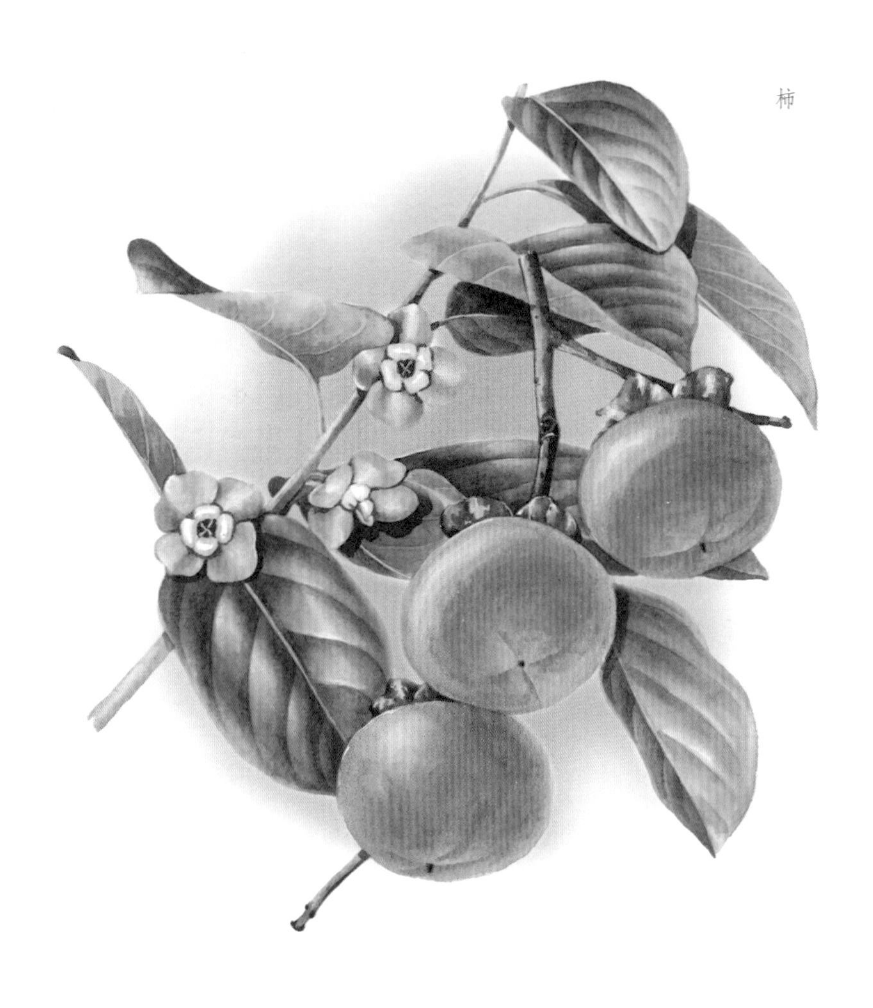

柿

柿子果底部有4裂瓣花萼，到果实成熟都不掉，吃时掀掉花萼，一捏果成两半，左右轻吸，倒也方便。花萼缘来花，就会想到一树轻风落下的柿花，淡黄色，也是4裂瓣，与4瓣萼片交叉排列。苏州城里人家，多种柿树，比如马医科10号第二进天井里有棵大柿树，如今房子已拆除，柿树自然也不知去向。老家后院隔墙，是个老太太的狭长院子，院子里一棵枇杷，一棵柿树，柿树伸了个长枝过墙，花开时节，拾起落在这边地上的花朵，掀掉萼片，就成了两头通，用线串起，清香的花环，喜悦了小儿女的无猜岁月。

自然状态下，常常早于柿果凋落的柿叶，深秋会变黄转红。栽培的柿树果实早早摘取，留下一树的霜叶，自是别致的秋景。《酉阳杂俎》载，柿有七绝："一多寿，二多阴，三无鸟巢，四无虫蠹，五霜叶可玩，六嘉实，七落叶肥滑，可以临书。"在《新唐书》中，真就记载了家境贫寒的书法家郑虔，以慈恩寺庙存放的柿叶，刻苦练书，艰难玉成。自此，柿叶七字吟情书，连东坡先生也"瓦池研灶煤，苇管书柿叶"。

柿子品种各式各样，果实各式各样，吃法也各式各样。据说早年沿着苏州城墙，有很多自建的民房，周边有很多柿子树，住在民房里的人，沿城墙摆出一溜盛满水和一定比例石灰的水缸，采下还是青涩的柿子，放在水中，几天后就可品尝脆脆的甜柿。庭院人家稀落的几树，则会等柿子在树上红透了再摘，多半不为吃而为赏，即便是鸟儿们啄烂半边，也有耐心日复一日等待。若是风雨中掉落了还没熟透的，或沿窗台上排列后熟，或埋在米缸里捂熟。东北得天独厚的冰天雪地，人们将柿子放在室外，低温冻成冰，再放入水中软化，在温暖如春的室内，将冻柿子开个口，用小勺子挖着吃，也可像吃过熟得稀成甜水的当季柿子那样，用吸管。

曾经在初冬穿行太行山，车窗外，每一秒都能看到高挑的红柿和红柿叶，配着暗红色的化香和灰绿色的杨树，不断刺激疲倦的精神，养眼无限。土房子的场院里，可看到一些砖块架或木架，排着削去外皮的柿子，估计是在晒柿饼，一种既可当主食又可当小吃的食品，极甜，有些还有白色的糖霜。柿子，这个中国250万年前就已有的植物，是与北方农家生活息息相关的重要庄稼，从前救荒，现在致富。

“悬霜照采，凌冬挺润，甘清玉露，味重金液”。虽说是北方多，但柿子原产却是我国长江流域。从小看惯了江南一带的小方柿、圆红柿，再看到北京的磨盘大柿子时，惊叹不已。扁圆的果实，腰部具有一圈缢痕，足有小方柿的二三个大，有七八两，口感亦是不同于小方柿的鲜甜，而是绵厚，一个吃下抵半顿饭。以前秋季去北京，这是首选随手礼，近年来苏州、南京也能买到了。“野鸟相呼柿子红”的季节，走到哪里，都能看到硕果弄朱。

柿叶能制茶是早知道的，以夏秋叶为宜，去掉叶梗，抽掉粗硬的叶脉，开水杀青，切丝揉捻即成。据说日本民间素有饮柿叶茶的习惯，口味如何不知道，但既然成了传统，总有它的道理。嫩柿叶在民间居然还是食材，柿叶色拉、柿叶汁、凉拌柿叶、油炸柿叶、炒柿叶等，有流传但未查到出处，《救荒本草》没有收载，想必是饕餮老客的创新。“新将柿叶染秋衣”，柿叶可染黑，是古人皂衣染料之一，但真正的柿漆是用未成熟的柿子榨汁发酵而成的胶状物，制扇和制伞最多用，不过那种烟黑，仿佛是陈旧的墨迹，蒙了层灰似的。清代贡品的黑纸扇，桑皮纸扇面反复涂抹柿漆，才会乌黑透亮，雨淋不透、日晒不翘。

庭院里的柿子树

姑苏才子唐寅，有幅《金阊暮烟图》，题图曰："霜前柿叶一林红，树里溪流极望空。此景凭谁拟何处，金阊亭下暮烟中。"阊门乃姑苏之西门，为具内城门、外城门、城楼、吊桥、套城之瓮城，元末重建城楼后，曾题额"金昌门"，故有"金阊"一名。想象着，当年四望郁苍苍的阊门，柿树林立，霜果满天，给"最是红尘中一二等富贵风流之地"抹上浓浓的色彩。

就像大红灯笼宜相配乔家大院的灰砖，而不服江南小园的荫翳和潮湿一样，柿子树的美一定在北方。北京，去往八达岭、居庸关的路上，雾霭的天空、烟黛色的长城背景，跳出高出土墙的树杈，或结满红柿，或飘零丹叶，如同灰烬中的火星，有着生命的不甘和鲜活，随着黄昏晨曦，也有心安和宁静。而南方的柿树，更多的是花窗里的春绿、假山边的秋红，终究是不尽兴的。

茎叶细而香，绥绥然也

世界上有一些食物，欣赏者趋之若骛，嫌弃者避之不及，比如臭豆腐，比如有些品种的奶酪，再比如榴莲。这些食物从感官上去体会，其实真的是臭的，只是食者喜欢或者不喜欢吃罢了。我家先生留学法国多年，视奶酪如珍物，尤喜布里·莫城干酪（Brie de Meaux）、杯堡干酪（Limburger）之类，每每携入家室，满屋难言之味，让人坐卧难安，但想着其平时是个饮食极“好养”之人，随他留些嗜好也就罢了。

但是有一种食物则不然，喜食者闻着香，厌食者闻着却是臭。《说文解字》载：“荽作荾，可以香口也。其茎柔叶细而根多须，绥绥然也。”一个“绥”字，音通“荽”，勾勒出了植株柔细、茎叶自然散布有致的样子。这种食物便是伞形科植物芫荽（*Coriandrum sativum*），俗称香菜，东汉许慎《说文解字》介绍：“芫”字为鱼毒也，“荽”字为香口也。唐代《博物志》记载：西汉“张骞使西域，得大蒜胡荽”。一直流传的说法是，南北朝的后赵时期，皇帝石勒是胡人，下令改“胡荽”为“原荽”，后演

芫荽

为“芫荽”。引进并栽培了几千年的芫荽，在中国早已经培育出了大叶小叶、白花紫花等很多品种，而在原产地地中海地区，应用的还有同属另一种，野生的*C. tordylium*。

家园种香菜，一般选择小叶品种，因其香味馥郁，西北地区拉面、羊肉汤无香菜不欢；西南地区汤粉、火锅无芫荽不香。秋风起，播撒种子，待到绿苗4寸长时，节气也就到了西风起的阴历九月底的立冬，新花生上市了，螃蟹也熟透了。

宜兴人吃螃蟹是一定要有香菜的，嫩苗洗净切碎，姜也切碎，各取一些加入香醋、白糖，大螃蟹蒸得黄红膏白，就可蘸着慢慢品，竟把个小绿菜吃出了精致。唯独苏州人，传统食谱里是没有香菜的，苏州人称嚼之有“臭虫味”，然近年亦被东西南北食俗所冲击和同化，新花生油里一炸，拌上香菜，也吃得不亦乐乎，连苏帮菜的守道者“松鹤楼”“得月楼”也破例了，菜肴中亦可寻到香菜的踪影。

明人屠本畯（又作畯）在《野菜笺》赞曰：“相彼芫荽，化胡携来，臭如荤菜，脆如菘苔，肉食者喜，藿食者谐，唯吾佛子，致谨于斋，或言西域兴渠别有种，使我罢食而疑猜。”荤菜者，古时指食用后会影响性情、欲望的植物，一般以为动物食物才是荤菜，其实植物为“荤”，动物为“腥”。宋代《尔雅翼》谓：“西方（佛教）以大蒜、小蒜、兴渠、慈蒜、茖葱为五荤，道家以韭、蒜、芸薹、胡荽、薤为五荤。”可见佛教将民间“臭如荤菜”的香菜（胡荽），不认作是荤菜。藿食者，原意指以豆叶等粗食为食者，对比上句，疑指素食者；兴渠者，香菜同科植物阿魏属（*Ferula*）植物。凡凡香菜，此往彼来，皆食性之各异，容吃客之不同。

《西游记》中的五庄观：“布种四时蔬菜，菠芹莙荙姜薹。笋薯瓜瓠茭白，葱蒜芫荽韭薤。窝蕖童蒿苦荬，葫芦茄子须栽。蔓菁萝卜羊头埋，红苋青菘紫芥。”神仙人家，食的也是人间草木。周作人《八十自笑诗》：“可笑老翁垂八十，行为端的似童痴。剧怜独脚思山父，幻作青毡羡老狸。对话有时装鬼脸，谐谈犹喜撒胡荽。低头只顾贪游戏，忘却斜阳上土堆。”蔡伦之才，喜的亦为后院青绿。香菜可凉拌、可作调料、可炒食、可作汤，有的地方还盐渍食用而称其为“盐荽”，应了田间蔬菜，“曰清，曰洁，曰芳馥，曰松脆而已矣。不知其至美所在，能居肉食之上者，只在一字之鲜”。

然而，在香菜的故乡，人们主要食用其种子，粉碎后，添加在香肠、面包、酒类食品中。早已走出地中海的香菜，近年来食法不断推陈出新，比如已成为我国台湾宜兰地区的传统特色美食的花生香菜冰淇淋，比如日本“香菜节”推出的香菜薯片、香菜爆米花、香菜柠檬水、香菜酱油等。如此盛况，不食香菜者坐不住了，于是“世界反香菜联盟”成立，立言：“世界上只有两种人存在：爱香菜的和恨香菜的。”为了对一种植物的喜恶，两军如此对垒实属罕见，亦成为笑谈，但深究约21%的东亚人、17%的白种人和14% 的黑种人为什么憎恨香菜，科学家证明，是一个叫OR6A2基因变异，导致这部分人的基因受体对香菜敏感。

曾经在南京一家名叫“菜根香”的小餐馆里，吃过特色开胃菜，用带一点茎的香菜根，放一点蒜瓣、红心萝卜，腌好随取，上桌前加糖醋拌，就着一碗熬制黏稠的白米粥，其他正菜就成为配角了。去兰州品尝正宗的牛肉面，“一清二白三红四绿五黄”标配，汤清、萝卜白、辣椒油红、面条黄，绿当然就是香菜和青蒜叶了，当然还有特别的，即面中揉入戈壁滩上的蓬草（藜科植物）烧制出的蓬灰，所以，缺了香菜和蓬灰的那不是兰州拉面。苏州的面是面类美食之冠，当然，这是配胃口的苏州人所认可的，

香菜可凉拌、可作调料、可炒食、可作汤

曾亲耳听到外地人说红面汤太甜了。苏式面特色在于面条，在于汤，在于爆鳝、焖肉、三虾、枫镇大肉、炒肉馅、鳝糊等特色浇头，还在于点面时可以做很多定制，比如宽汤（汤多面少）、紧汤（面多汤少）、干挑（拌面）、重青（多放葱）、免青（不放葱）、重面轻浇（面多浇头少）、重浇轻面（面少浇头多）、飞浇（不要浇头）、过桥（浇头用另外的盘子盛放）等，以前重青、免青没有香菜什么事，估计现在，除了葱，可能也会考虑蒜叶、香菜末之类了。

吴伯箫《菜园小记》写道："蒜在抽薹，白菜在卷心，芫荽在散发脉脉的香气……"田园天地间，你若淡泊安然，那芫荽便香、心绪便宁。

小雪

山有佳木，侯栗

初冬的风和雨，不再有草的味道，也不再有花的气息，却充满了果的香甜。初冬的板栗，是一张季节的名片，更像是春的悸动、夏的疲惫、秋的挣扎后，向家放松的媒介。西北风起，一炉红焰，一壶汽腾，还有一小篮烫手的板栗、白果、乌菱之类，忙碌了一天的家人们围着，絮絮叨叨，也会说些盘剥白鸦谷口栗、饭煮青泥坊底芹的话题。野地里的栗树，时不时静静地飘下几片枯卷了的叶子，每一片落地的声音都不一样，就有了轻轻重重的音符。坚果们躲在长满有长有短、有疏有密锐刺的壳斗里，安睡着，即便壳斗球从树上掉下来，也仍然继续着香甜的梦。壳斗球静静地躲闪在草丛枯叶里，像极了拙稚而惶怯的小刺猬，而摔裂壳斗的，则成了因贪吃而撑破了肚子的小刺猬。

这样的季节，满街会有烤熟的香味，吸引人笼着袖子排起长队，购买糖炒栗子，即使在收走了灯光、收走了喧闹的夜晚。据说，糖炒板栗始于宋代，“小熟大者生，大熟小者焦。大小得均熟，所待火候调”。如今大部分出自自动炒栗机，一麻袋一麻袋的生栗子，直接放进已放有黑色砂的滚筒式机器中，固定时间后，将砂栗一并倒出，过筛，筛出的栗子倒上少许植物油，颠翻几次，就可过秤出售了。买这样的栗子很矛盾，热的自然好吃，但其中水分太大，手脚麻利的老板娘会嘱咐每一个顾客，不要将纸袋封口、塑料袋打结，否则拎回家，你会发现纸袋已经湿透而烂穿。

炒栗子

近两年，如时光倒流，苏州街上会时不时有推着小车的板栗摊，一只煤球炉、一口铁锅、一些细沙、一袋生板栗。顾客来时，摊主给你一个小凳子，边慢慢地开炒，边和顾客东扯一句西拉半话，和以濡糖，借以粗砂。这种栗子不上油，品种也不如大量去道地产区批货的商铺的好，就是吃个意思罢了。

板栗树忙了整整一年。基部狭楔尖且两侧对称的毛茸茸新叶，慢慢喝着潇潇的春雨，渐渐地不驯起来，叶基平了、圆了，或带着耳垂，或偏斜而不对称，茸毛也被挣脱，宣告了一个新的形象的诞生。也许享受了太温柔的春雨，因而对暴躁的夏雨极度地对抗，板栗花开，让走过树下的人经历鼻子浩劫，一种窒息、一种沮丧，像是融化了的时间，无法收拾。夏的雨滴，充满了这样的分子，所以只能退缩而让阳光普照，自己也解脱了。人不喜欢，蜜蜂喜欢，它们在毛茸茸的长条雄花序上寻寻觅觅后，又到这生于雄花基部的圆球状雌花序上兜兜转转，帮助栗树完成生命程序，也创造出了焕然一新的自然产物——栗花蜂蜜。秋雨缠绵的时候，长在花瓣下的总苞早已发育成了壳斗，遮蔽着渐渐成熟的坚果，外壁上的短刺也随着壳斗的增大而密集起来。终于到了山瘦地空、板栗丰收的季节，栗树也如同人散尽的车站月台，摇落一树褐叶。

民间长期将板栗与野栗子等统称为“栗”，《诗经》上多次出现的“栗”，如《诗·鄘风》“树之榛栗”、《诗·郑风》“东门之栗，有践家室”、《诗·小雅》“山有佳卉，侯栗侯梅”、《诗·廊风》“树之榛栗，椅桐梓漆”、《诗·唐风》“山有漆，隰有栗”等，吟颂的未必只是板栗。不过，《诗经》中除了“栗”条，还有“栵”条，《尔雅》释：“栵，栭（栭栗）。”明朝李时珍《本草纲目》，引《事类合璧》解释说：“栗之大者为板栗，稍小者为山栗。山栗之圆而末尖者为锥栗，圆小如橡子者为莘栗，小如指顶者为茅栗，即《尔雅》所谓栭栗也，一名栵栗，可炒食之。”山栗即野栗子，中国特有植物锥栗（*Castanea henryi*）、茅栗（*C. seguinii*）之类，如今仍有，而莘栗不知为何。《中国植物志》将板栗的植物名定为“栗”（*C. mollissima*），这个“栗”，特指板栗。

渐渐透亮的山林，时不时有果实掉落的清脆音，可能是野栗子，也可能是橡子，打破萧瑟的安宁。锥栗，壳斗里仅1个坚果（从李时珍的描述看，莘栗应类此种）；茅栗，则就是一个小板栗样，壳斗内3个坚果，两边两个一侧圆一侧平，而中间一个二侧面都平坦，活像家有三孩子，中间那个总是委屈最多，还不如锥栗自在，好歹独生子。古书籍称中间这个栗子为“栗楔（xiē）”，恰似楔钉其中一般。“霜梨野栗处处有”“橡栗漫山犹可煮”，这些诗句，既点出了野栗子之如寻常物，又表明橡、栗总归一类，确实，它们都是壳斗科植物，也都可食。“对坐煨茅栗，瓶中取酒尝。”苏州城里的菜市场，有时可见叫卖黑色小栗子，这是茅栗，也甜也粉，待客是拿不出手的，自家人吃极好。

甲骨文已有“栗”字，考古亦发现不少年代长长短短的栗化石、实物，可判断原产中国的这种植物，很早就被驯化，利用历史悠久。“猬房秋熟。紫实包黄玉……自拨砖炉松火，细煨分饷幽人。”板栗也好，野栗子也好，生熟皆佳，点肴并用，嫩时嚼之，作桂花香。买糖炒栗子，看到的牌子总号“天津良乡栗子”，就像枣子要若羌的，菌子要云南的。奇怪的是，良乡明明是北京房山县的，而且仅是个板栗的交易集散地，即便宋代范成大赞美其“紫烂山梨红皱枣，总输易栗十分甜”，也只是在驿站吃过罢了。不过，燕山山脉地域，自古就是板栗的重要产区，《史记 · 货殖列传》中早有“安邑千树枣，燕秦千树栗”，总归还是沾点边的。

栗

家乡苏州的洞庭东山和西山，种植着不少板栗树，尤其是如今改名为金庭的西山岛。老家对门，有个从小学到初中的同学，外婆家在西山，每年秋熟季节，总会送来栗子白果山芋之类。在她家，第一次知道栗子可以生吃，也是第一次尝到生栗子的味道。苏州的板栗倒是有明确的史料记载，先是《吴越春秋》记："吴王乃与越粟万石"，后有《吴郡志》载："顶山栗出常熟顶山，比常栗甚小，香味胜绝，亦号麝香囊，以其香而软也。微风干之尤美，所出极少，土人得数十百枚，则以彩囊贮之，以相馈遗。此栗与朔方易州栗相类，但易栗壳多毛顶栗壳莹净耳。"元代张雨甚至有诗云："近从常熟尝新栗，黄玉囊分紫壳开。果园坊中无买处，顶山寺里为求来。"如今，虞山北麓的顶山村仍在，但被称为"桂花栗子"的顶山栗早已失种，只能在诗间文中寻觅踪迹。清代叶申萝写有《桂花栗》："桂花开乍，见满市栗蓬，谗眼先诧。争说新穰试嚼，味含龙麝。"此桂花栗不知是否就是顶山栗。

我曾经在《秋之裂》一文中写到过板栗："板栗带刺的壳斗，人是无法沾手的，除非动用器械强行去壳，否则自讨苦吃。土拨鼠们很聪明，它们会静静地站在树下，等待壳斗4瓣裂的刹那。人类没有这么多的耐心，急功近利，反而品尝不到自然成就的甘甜。"秋声拂过草地草变色，掠过森林树落叶，折枝断叶、凋花落草的，便是构成天地万物的秋之气。山野里，板栗之裂果声，便是它的花静默一春的爱情歌唱，也是它的果沉淀一夏的心思释放。

深冬浓霜，菘美菜香

小雪节气，白菜、青菜早经霜打，变得甜美。“春初新韭，秋末晚菘”。这个“菘”和大白菜（白菜*Brassica rapa* var. *glabra*）、青菜（*B. rapa* var. *chinensis*，又叫小白菜）有着千丝万缕的联系，而且很复杂。青菜、白菜的原植物是蔓菁（*B. rapa*）。《诗经》记载“采葑采菲，无以下体”，“葑”就是蔓菁，产自北方，块根可以熟食或泡酸菜，俗称“辣疙瘩”，北京人叫“变萝卜”。菘最早记载于西晋时期，直到元代《饮膳正要》，才有了将白菜也叫“菘”的记载。很多学者认为，白菜是芜青和青菜天然杂交的产物，所以，古时的“菘”应是青菜。

青菜，原产中国南方，品种非常多，从冬到春，从夏到秋，每个人都可以在菜市场看到不下10种形态的青菜，它也是老百姓餐桌上每天不可或缺的蔬菜种类。早年的一些地方独特品种，如今已是珍稀物，比如苏州的太湖香青菜，有绣花筋、黑种、黄种各式样，香味浓郁，吃口特别柔嫩，而且一棵大可达400克，大芥菜似的；再比如，宜兴有叶片乌亮深绿的“塌菜”，扁平状展开，十分硕大，据说，塌菜在贵州、江苏、湖南等地有野生种，不过在野外从来没有采集到。

既然是蔬菜，那就要说到吃，也就要说到精通烹饪的南宋诗人陆游。陆游有个菘园，他吟咏涉“菘”的诗词足有四五十首，如“青菘绿韭古嘉蔬，莼丝菰白名三吴”“盘餐莫恨无兼味，自绕荒畦摘芥菘”，等等。从这些诗句中，可以看出陆游真的是以种菘、食菘、赞菘为美事。《山居食每不肉戏作》的序言中，陆游记下了“甜羹”的做法：“以菘菜、山药、芋、莱菔杂为之，不施醯酱，山庖珍烹也。”这样的甜羹觉得更像药膳。苏东坡学生叫张耒，在《明道杂志》中记载了长江中下游民间食河豚，“但用蒌蒿、荻笋（芦芽）、菘菜三物”烹煮，认为这三样与河豚搭配最适宜。河豚现在已是稀罕物，有菘菜又如何？范成大“拨雪挑来塌地菘，味如蜜藕更肥浓”倒是实实在在说出了冬天的青菜才是美味，而且提示宋朝就有了塌菜。

消寒末九的日子里，苏州光福、东山、西山的香梅树下，青菜已开始抽出长长的花葶，十字小花上一朵、下一朵漫不经心地次第开放，鹅黄莹莹。几场春雨滋润后，更是浓绿千薹、漫缃万茎，在若有若无的风中，光影隐约，天地融洽。青菜花虽然没有油菜花那么密集、那么浓金，但足够营造出悦人的光景。提到油菜花，可不敢像青菜一样，轻易地将拉丁学名一写了之，因为从云南梯田到东北平原，从沿海垛垄到青藏湖畔，铺天盖地的“油菜”其实有不同的种，比如有花瓣亮黄色的芸薹（*B. rapa* var. *oleifera*，白菜型油菜）、花瓣苍白或乳黄色且植株通常有白霜的欧洲油菜（*B. napus*，甘蓝型油菜）以及植株有明显辛辣味的油芥菜（*B. juncea* var. *gracilis*，芥菜型油菜）。《中国植物志》中英文版变迁时，芸薹属的14个栽培种变成了6个，还删减了不少变种，油芥菜消失了。不过这有什么关系呢？世上的很多事本无法较真，植物分类亦然，各种观点，各种证据，求大同即可。对于看花人，青菜也好，油菜也罢，黄丛中走，要的无非是一种心情，一种感受。

苏州是青菜的种质库，除了香青菜，还有不少地方品种，名称也别致，浸淫着对青菜的那一种讲究，那一种依恋，连同青菜的花葶。青菜的花葶被称为“菜苔”，又名“菜薹”“薹”原意指油菜，亦可指一些蔬菜的花茎，但“苔”不可关联油菜，故而青菜花葶可作“青菜薹”，油菜花葶不可作“油菜苔”。顺便说，植物分类的芸苔属、芸苔应该写成芸薹属、芸薹的，中国文字实在复杂得很。现蕾但花儿未开放的青菜薹是常见蔬菜，各地对其的称呼不同，比如菜薹、菜心、菜花等，袁枚先生的《随园食单》里写的是菜心。

青菜

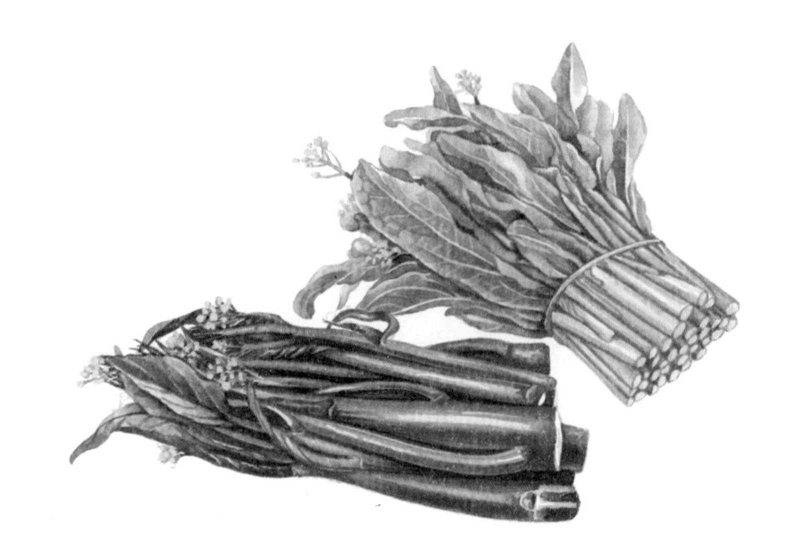

菜苔

青菜薹被苏州人叫为“菜 jyi”，这个“jyi”究竟是什么字，费了文人墨客很多心思，见诸文字的就有见、间、苋、笕（除苋外，其他字苏州话发音都是“jyi”）等。“菜见”显然是粗通文字或懒人的随手写，路边摊或菜市场可见，无任何实质性相关意义。“菜间”就有点可以推敲了，花葶在菜中间，意在雅不在。“苋”的苏州话发音“xyi”，应该是完全不搭的，但“菜苋”这个名字在苏州古镇和相关产品包装盒上甚至媒体随处可见，而且也读“jyi”，这就奇怪了，要么是“秀才只读半边字”，要么“苋”为多音字。为此专门去查了《汉语大辞典》，明确看到“苋”为单音字，所以“菜苋”是没有道理的瞎用，何况苋（*Amaranthus tricolor*）还是另外一种蔬菜。“笕”，本义是引水用的长竹管，音同转义，所以形容类似长竹管的青菜薹最为合理，至于菜薹为什么不叫菜薹，非要叫“菜笕”，那就要问苏州人的老祖宗了。

菜苋新鲜吃，主要是清炒，趁着嫩蕾青葶时，买上理整齐的一捆扎。苏州人吃菜苋不像广东菜心那样整棵烹饪，也不用刀切，而是用手加工，花葶上面嫩的部分一段一段掐，下面稍老的要先将叶片摘下，然后将花葶撕去外皮，露出白绿润莹的内芯，然后再一段一段掐，旺火少许油少许盐，就是一碗碧绿生青。花儿开盛的菜苋也有卖，那主要就不是炒食了，而是像上述处理老茎一样，将内芯掐段后，用盐腌或用老抽酱油浸泡，一夜后的早餐桌上，盐腌的拌上了生抽、糖、麻油，浸酱油的捞出了直接装盆。

老了的整条菜苋，苏州人可加工成两种好食。好食之一，是洗净用开水焯一下，放在青篾竹匾里，在三月的艳阳下晒干晒透，就成了“菜花头干”，收藏起来。夏天

“菜花开遍江头圃，竹笋穿通岭外田”

吃是清蒸，温水泡开挤干切碎，放上糖、盐蒸熟，浇上麻油拌开即成，就泡饭米粥，清暑消夏；秋天吃是做扣肉或酱方的垫菜，比霉干菜嫩，比豇豆干香；冬天吃可搭五花肉，放上一些酱油红烧。太湖边的东山人还用菜花头干做团子馅，可惜没有尝过。好食之二，是像雪里蕻一样腌制，腌成，挤去水分，压紧在小瓮里，就是鼎鼎大名的"周庄阿婆菜""同里咸菜"，吃时挑出几根直接切碎装盆，或者用青红椒炒食。不知何时何人发明用生理盐水瓶代替了小瓮，虽然便于保存，但挑取着实困难，也少了文化味。如今的苏州古镇都有这种菜苋咸菜，和小桥泽网、水乡船娘、姑苏评弹、吴侬软语，还有袜底酥、熏青豆、芡实糕齐名。

明初大臣王钝有诗《腊月二十五日食竹笋菜薹因以记之》："菜花开遍江头圃，竹笋穿通岭外田。空谷鸟啼无雪积，清流鱼跃少冰坚。"看来这天王大人看到了菜花，吃到了菜薹，只是他说的腊月，不知何处菜花黄，何处有菜苔香？宋朝人王景彝也有咏诗："甘说周原荠，辛传蜀国椒。不图江介产，又有菜薹标。紫干经霜脆，黄花带雪娇。晚菘珍黑白，同是楚中翘。"说的是紫菜薹，这个"薹"是不能写作"苔"的，因为紫菜薹是芸薹中的一个特殊形态类，故是油菜而不是青菜。以前苏州人是不吃紫菜薹的，到南京后我才见识，咸肉片似乎是紫菜薹的最佳搭配。紫菜薹的叶片、叶柄、花茎、花序轴，炒熟后统统由紫色变暗绿，一直不喜欢它的食不嫩色不清味不洁，从来不买。

苏州人将菜花黄作为一些时令美食的标志，比如菜花甲鱼、菜花塘鲤鱼。惊蛰，菜苋起抽，阳光转旺，就到了晒菜苋的时节了。如果奢侈一些，就买些还未开花的嫩花葶，给自己做点最好的菜花头干，包一次菜花头干团子，或者做一次菜花头干馄饨。"松花酿酒，春水煎茶"，那且盼到春日早暖，春日早来，菜花黄里觅薹青，春日暖中寻苋香。

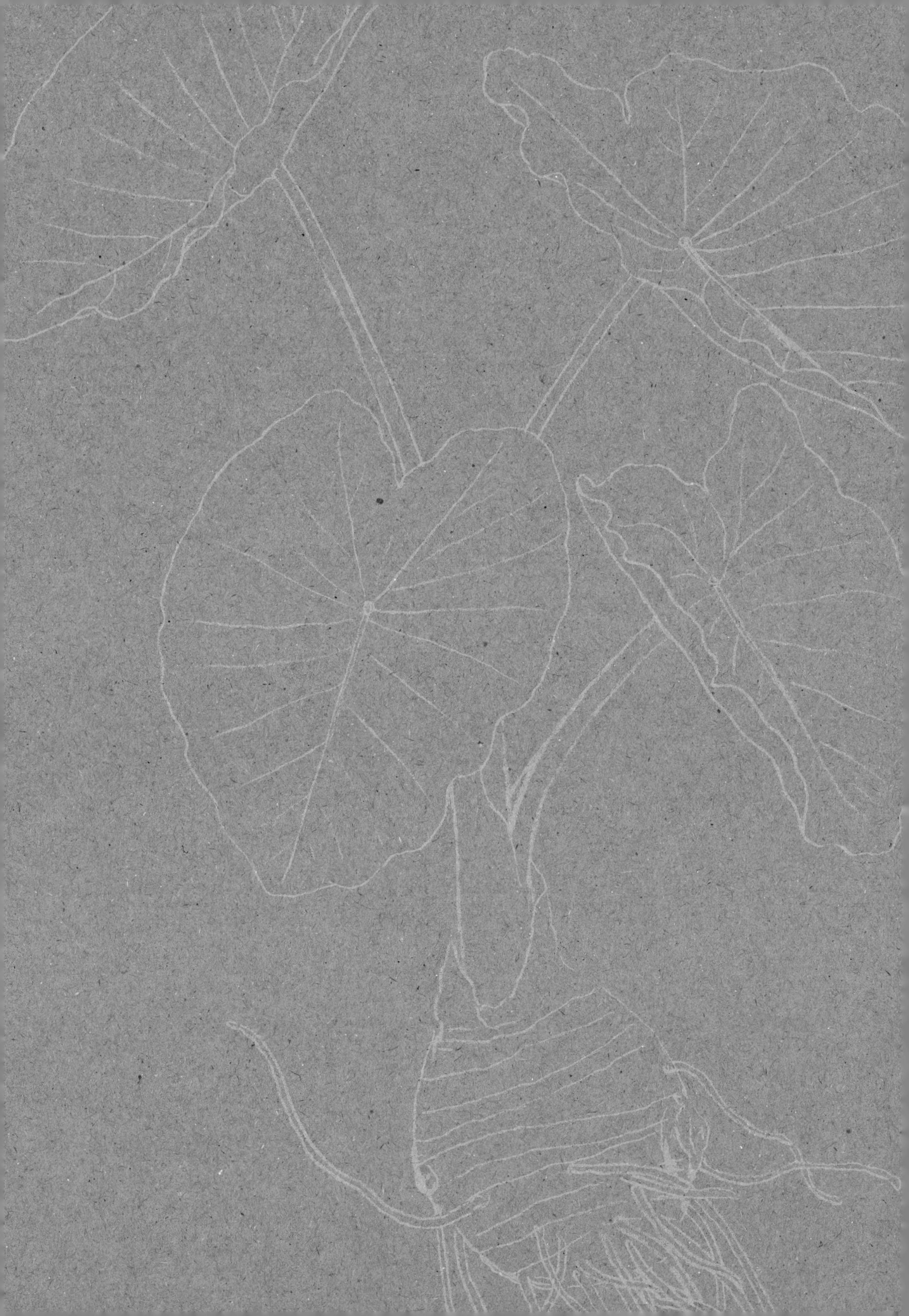

深深麴蘖

大雪时节，挑一盏橙灯，围一炉红火，望万千寒酥于窗外，隔来往朔劲在扉前。一杯淡酒或醇烈，暖到心田，就着三碟两盘小菜，便可从姑苏城外的寒山寺，一直论到修整横街一条新。大雪到了，离苏州人大如年的冬至以及春节就不远了，桂花香的冬酿酒要备，醇厚上口的黄酒、米酒要备，有钱的，还得备些浓烈烧喉的白酒。

醇香与浓烈，自由与放开，内敛与流畅，这就是酒，也是酒的性格。自旧石器时代简单重复大自然的自酿，到新石器时代农业兴起后的有目的酿酒，再到如今风味各异、色泽千变的酒世界，引发多少豪杰诗兴、文人浪意，“桃李春风一杯酒，江湖夜雨十年灯”。

“秫稻以为酒，麴蘖以作之”。酒需酿，而酿酒需有曲，即酿酒用的发酵物，酒曲可分为酿造黄酒的麦曲和红曲、酿造白酒的大曲、酿造黄酒和白酒的小曲等。大曲以小麦（*Triticum aestivum*）为原料，有时加点豌豆（*Pisum sativum*）；小曲以米

麯，一个“麦”字偏旁，道出了最早的麯是用麦子做的

粉和米糠为原料，并添加各种植物制成，这些加入的植物，能诱导谷物酵化成酒，也增添了特殊的风味，甚至成了固定的酒曲配方，比如传统绍兴酒曲中必有蓼科植物辣蓼（水蓼，*Polygonum hydropiper*），“中国红酒”曲中必有蓼科植物金荞麦（金荞，*Fagopyrum dibotrys*）。散文《史家黄酒》中，还记录了祖传的七里香（千里香，*Murraya paniculata*）、大风草（艾纳香，*Blumea balsamifera*）和万寿菊（*Tagetes erecta*）组成的“史家曲”。

秋日里，每天沿着河岸走路上班，那红红白白米粒似的小花、密密麻麻麦穗似的花序、高高低低摇摇摆摆的枝丫，洒落满视野，组成日渐荒野的地被层的景致。蓼，水溪一大景，“水乡占得秋多少，岸岸红云是蓼花”。绿色花上部白色或淡红色的辣蓼，是古代常用调味剂，《礼记》曰：“濡豚，包苦实蓼；濡鸡，盐酱实蓼；濡鱼，卵酱实蓼；濡鳖，盐酱实蓼。”也就是炖猪肉、炖鸡肉、炖鱼肉、炖鳖，里面都要填满蓼作调料。

虽然古人将蓼当作如此重要的调料，但实际上不是所有的蓼都可食用，有过记载的只有香蓼（*P. viscosum*）、辣蓼、东方蓼（红蓼，*P. orientale*）、旱苗蓼（酸模叶蓼，*P. lapathifolium*）等几个，做调料或野菜。蓼做曲，依《本草纲目》言：“后世饮食不用，人亦不复栽，惟造酒粬（曲）者用其汁耳。”人们大量采摘未开花的辣蓼，将其汁液挤出，加上新收割的稻米粉，再加上陈年的辣蓼酒曲粉，经过一段时间的发酵后便成为酿酒最好的酒曲。这是怎样的一种祥和、安逸的生活情趣，如同水边处处可见的辣蓼一样，平凡而有风景。除了辣蓼和上段提到的金荞两种蓼科植物，同科的马蓼（春蓼，*P. persicaria*）、柳叶蓼（绵毛酸模叶蓼，*P. lapathifolium* var. *salicifolium*）等亦可造酒曲。

麯通“曲”，但鉴于其溯源，还是喜欢用“麯”字。麯，一个“麦”字偏旁，道出了最早的麯是用麦子做的，也许是大麦（*Hordeum vulgare*），也许是小麦。麯又名麴，《说文解字》释：“酒母也。”孔传：“酒醴须麴蘖以成。”西汉扬雄《方言》中曾经记录过多种酒麯名：麳（cái）、䴵（huá）、麰（móu）、麲（pí）、䴿（méng）、䴹（guǒ），麴（qū）等，字中都有“麦”。麦，芒谷，麦的世界太复杂，当野生的一粒小麦（*Triticum monococcum*）与山羊草（*Aegilops tauschii*）自然杂交后，二粒小麦、山羊草、普通小麦反反复复地杂交演化，从而形成了庞大的用途分类明确的品种体系，也使得白浆黄液弥散着以色列的风朗、伊朗的溪清、黎巴嫩的花香、巴基斯坦的月明。还有大麦、青稞（*H. vulgare* var. *coeleste*）、燕麦（*Avena sativa*）、莜麦（*A. chinensis*），让酒麯的世界，纵使青禾千千粒，便得香糟麯麯醉。

《礼记 · 月令》：“季秋之月，鞠有黄华。”鞠是菊花（*Chrysanthemum* × *morifolium*），“朝饮木兰之坠露兮，夕餐秋鞠之落英”，菊花可食，但和酒麯有何关系呢？“菊”古代写作“鞠”，这个字还常借作“麯”或“麴”，所以古书中“麯（麴）蘖”又常作“鞠蘖”。先民们发现发霉、发芽的谷粒浸泡在水里竟能生出酒来，而制造祭祀用酒时常要放菊花（鞠），故而认为菊花可能是制酒的要物。有学者考证，最早的植物酒麯可能都是菊科植物，因早期的菊科野生植物多为黄花，先民们鉴别不清，均认为是“鞠”。及至现在，菊科的白术（*Atractylodes macrocephala*）、苍耳（*Xanthium strumarium*）、菊花、野菊（*C. indicum*）仍能制麯。

“风前隔年麯，瓮里重阳酒”。光叶菝葜（*Smilax corbularia* var. *woodii*，又名土茯苓）、茯苓（*Poria cocos*）、何首乌（*Fallopia multiflora*）、天门冬（*Asparagus*

蓼和菊

cochinchinensis)、防风(*Saposhnikovia divaricata*)、天南星(*Arisaema heterophyllum*)等，在千百年的酒文化、麴民俗中沉浮，携茉莉合欢、木樨荷花，酒香花香，天人合一。不过，携只是携，药酒、花草酒都不算植物麴的范畴，只是在酿酒原料里作为养生、风味的加料。各民族的植物酒麴各有其渊源和特色，如傈僳族、怒族用龙胆(*Gentiana scabra*)作麴，拉祜族将柴胡(*Bupleurum*)及水果皮和在一起作麴，彝族用大叶醉鱼草(*Buddleja davidii*，又名酒药花)、柴桂(*Cinnamomum tamala*)、商陆(*Phytolacca acinosa*)等几十种植物作麴。

植物麴的种类在宋代达到了首个高峰，朱翼中《北山酒经》中卷论制曲，收录了十几种酒曲的配方及制法，几乎每种都加为数不等的植物，多者达十六味，谓之"麴用香药，大抵辛香发散而已"。更有北宋田锡所作的《麹本草》，载有大量的酒麴资料。

大麻科的啤酒花(*Humulus lupulus*)的花序是酿啤酒的酒麴，同科的葎草(*H. scandens*)功效同啤酒花。商代甲骨文中有"醴"(甜酒或甜水)，《尚书说命》曰："若作酒醴，尔为麴(鞠)蘖。"发霉的粮食称鞠，发芽的粮食称蘖，故而发霉加发芽，这个大自然产生了甜酒与啤酒似乎无异，《天工开物》曰："古来麴造酒，蘖造醴，后世厌醴味薄，逐至失传。"历史进程记述得清清楚楚。啤酒花酿造啤酒始于德国，鉴于葎草早就亦为啤酒，那么中国酿造啤酒性质的酒究竟起源于何年代是值得商榷的，因为酿造啤酒的关键点是原料为发了芽的谷物。

造酒的始祖据说是夏禹时的仪狄，酒之魅力，亘古不绝，它的热烈、浪漫、豪放，让诗人起兴，让哲人沉思，"余胸中为之浩浩焉，落落焉"，但酒的本质实乃花花草草果果和各种谷物的化身，让人醉在紫藤花下，醒在红杏枝头。

煨烬细凝说新寒

芋头，苏州人叫芋艿，长圆形，像瘦了的鸡蛋，不过表面黑不溜秋、须根拉碴，因而也叫毛芋艿。相对的，则是去皮的光芋艿。从前是人工刮，现在多半机器去皮，连圆弧都不会少一度。刮芋艿是件痛苦的事，和切洋葱有得一比，因为芋艿黏液中的皂苷会刺激皮肤发痒，沾上了如千万只蚂蚁爬。痒了，要么挺着，过一阵自然会好，要么在火上烤一烤，效果不错。苏州人吃芋艿，最有仪式感的是中秋节的桂花糖芋艿汤，菜场上拎回一篮芋艿，毛芋艿要去皮，洗净加水加一点点食用碱，煮熟前加赤砂糖（红糖），出锅入碗，再加蜜渍好的糖桂花。芋艿原只头，汤汁不勾芡，内容清明，才是正宗的苏州桂花糖芋艿。

其余的日子里，苏州人则将芋头当菜，当然，想念糖芋艿了，烧点吃吃也是不错的。冬天，是吃芋艿的时节，冬至夜饭桌上，葱烧芋艿既是时令菜，也是传统的苏帮菜，葱，一定要用苏州细香葱，芋艿也是不切块的。芋头品种多不胜数，栽培学上，按照地下茎的形态，芋头可分为3类：一为多子芋，母芋（最主要、中间那个）多纤维，吃口不美，母芋边上群生着很多小芋头（子芋），很容易从母芋上掰下，苏州人的芋艿就是多子芋；二为魁芋，母芋单一或少数，肥大而味美，偶可生子芋，家喻户晓的荔浦芋头、奉化芋头就属此类；三为多头芋，母芋多数，较魁芋小些，合生在一起，偶见子芋。

芋艿、芋头都乃俗名，植物名为芋（*Colocasia esculenta*），天南星科植物。芋古称蹲鸱、莒、蕖、土芝等，《史记》记载："岷山之下，野有蹲鸱，至死不饥，注云：芋也。盖芋魁之状若鸱之蹲坐故也。"苏州有不少芋的农家品种，只是吃时不会去深究，比如太仓新毛芋头、太仓香子芋、太仓旱芋、常熟旱芋等。大田里的芋基本上不开花，繁殖靠子芋或母芋上的匍匐茎。换句话说，它们的有性生殖在被人类驯化的过程中消失了，于植物，扭曲了它重要的生命本性；于人类，好的是植物节省了开花的能量，可能利于所需器官的生长，生产上传代性、稳定性、一致性也更好；不好的是降低了有性繁殖带来的后代遗传多样性，并由此大大降低了抵御外界各种虫害、疾病侵害的能力，那么农药是避免不了了。

唐代诗人王维有著名诗句："香饭青菰米，嘉蔬紫芋羹。"菰，被黑粉菌寄生，茎膨大成为茭白，结茭白的菰，当成为栽培作物的时候，它居然和芋一样，不开花不结果了，也就没了雕胡米。诗中的紫芋，如"紫芋霜天到客居""饱霜紫芋细凝酥""沙田紫芋肥"等，是紫色的芋头吗？文献显示，芋的所有栽培品种均没有紫色块茎，顶多如槟榔芋般，有点紫红色的花纹，如清代刘琬怀描述的那样，"岷山异种紫成斑"，底色仍然都是"香似龙涎仍酽白"。那么，紫芋究竟是何物何源？这一查，犹如把自己丢到了淘金场上，繁杂、混乱、谬误，如万颗沙砾，需要如清水流般积淀的知识去淘杂，也许最终得到的仍然不只是纯金，还有仿佛金子的大颗粒矿石。

芋头

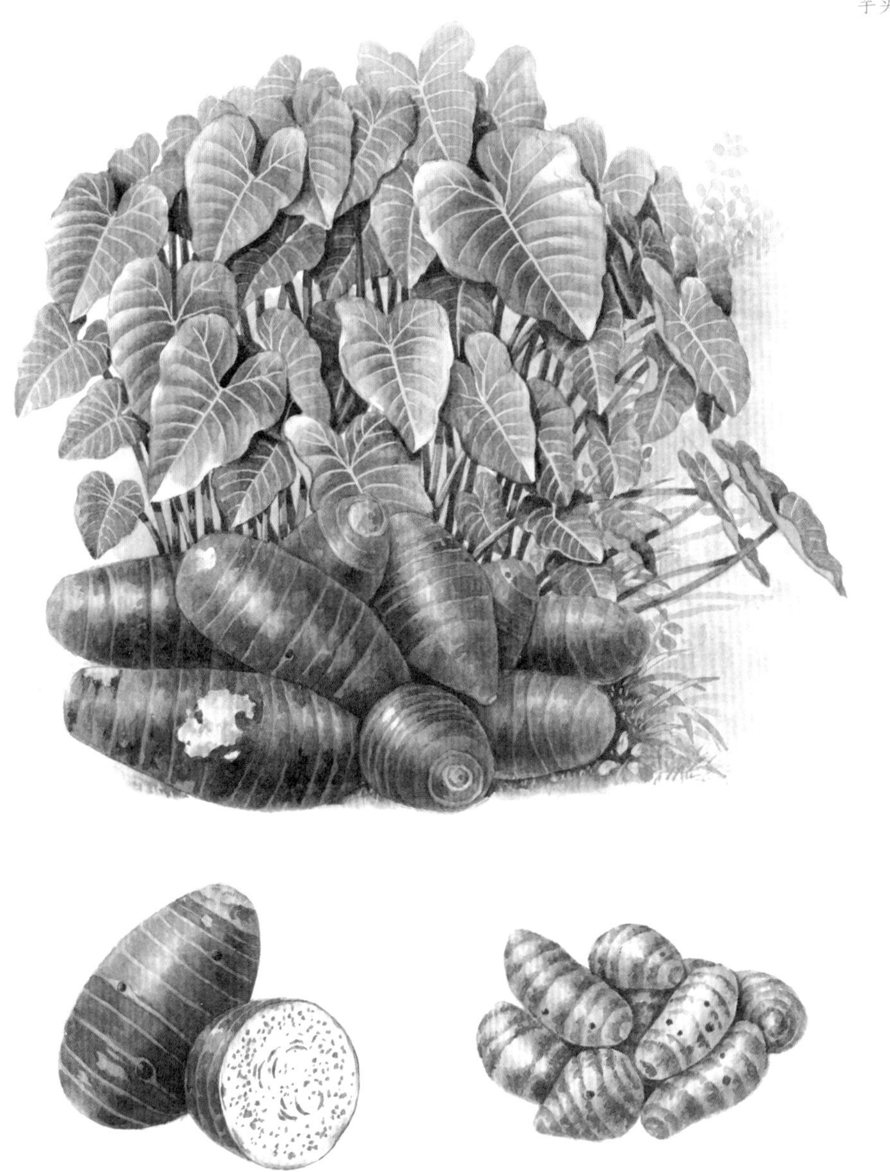

旋花科的番薯（*Ipomoea batatas*）俗名山芋、红芋，带了“芋”字，古有白芯、黄芯、橙芯，近年育成紫芯品种。薯蓣科的参薯（*Dioscoreaalata*），因与薯蓣（其地下块茎名山药）同属同组，虽在某些古书如《图经本草》《植物名实图考》准确描述“根如姜芋之类而皮紫极有大者一枚可重斤余……彼土人单呼为薯。”“江西、湖南有一种扁阔者俗称脚板薯”等，但在大部分的记载中会和山药混为一谈，或称“紫山药”，而山药除了有薯和预、藇、蓣、豫的互通，还有别名山芋、王芋、薯芋、蛇芋，故又带了个“芋”字，偏偏参薯还紫皮紫芯，像是真正的“紫芋”。《中国植物志》原有紫芋这种植物，与芋同属不同种，英文版修订时和野芋一起归并入滇南芋，且这个紫芋的“紫”，指的是叶柄紫色，如同芋品种通常按照叶柄芽头颜色命名、分类，绿柄的叫青芋，紫柄的叫紫芋，深紫柄的叫黑芋，红柄叫红芋，黄绿柄叫黄梗芋等，故而古“紫芋”要么是芋的紫柄品种，要么是将紫山药混淆。

说了紫芋，还有香芋。很多学者考证古人所述的香芋时，纠结于是豆科植物土圞儿，是薯蓣科植物黄独，还是茄科植物马铃薯？唯独从未提到过香芋是芋头类植物，这真是令人奇怪。从“皮黄肉白，甘美可食，茎叶如扁豆而细”“视芋而小，味特香”“夏则发藤，以竹引之”“蔬香庵前，瓜棚豆杂纵横如织，香芋亦缘蔓其中”等很多的描述看，只可能是豆科或薯蓣科植物。如今国际上用在冰淇淋、牛奶、饼干等重要的调味调色的香芋，明确是参薯（紫山药），情色风雅、芳韵清甜，而绝不是“闭门品芋挑灯，灯尽芋香天晓”的闲云野鹤般的芋头，也不是人家耕三分、藤蔓绕半墙的小家碧玉似的土圞儿。故而，此香芋非彼香芋。《常熟县志》也提到过本土香芋，但这个香芋应该不是不适生在苏州的参薯，那又是什么？

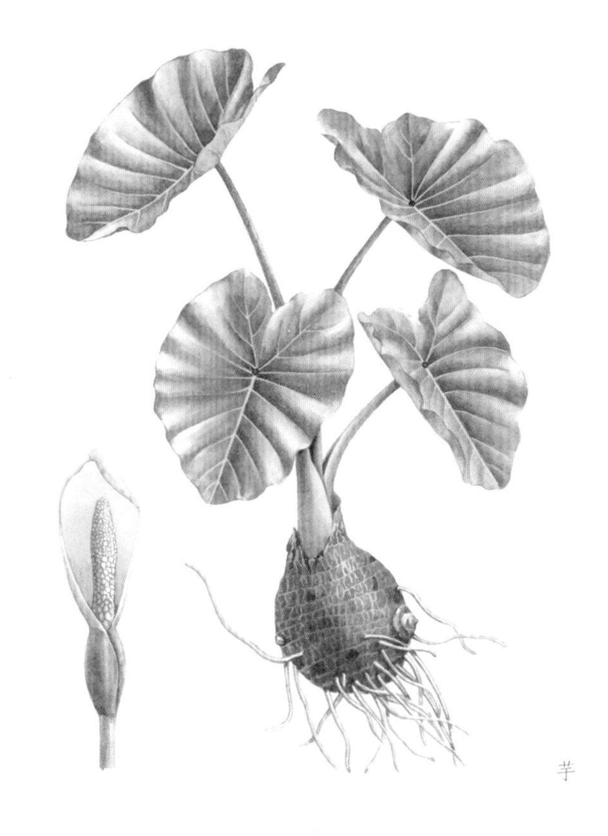

芋

《山家清供》记有小食“酥黄独”，熟芋头切片，裹上加入香榧、杏仁的面糊，下油锅煎至略呈白色，配景：雪夜；配诗：“雪翻夜钵截成玉，春化寒酥剪作金。”真乃一派宋朝流行的煨芋谈禅。芋头做的小食，却叫了黄独，而真正的黄独（*D. bulbifera*），是薯蓣科植物，中国分布的，均为药用且有毒的野生植物，断断不可食。类似“黄独，状如芋子，肉白皮黄，蔓延生，叶似萝摩，梁、汉人蒸食之，江东谓之土芋”这样的描述，则又是此黄独非彼黄独的意思。至于明代方以智《通雅》中“黄独，又名土豆土芋，实非芋类”，《本草纲目拾遗》中“土芋即黄独，俗名香芋，肉白皮黄，形如小芋，一名土卵，与野芋不同”，以及宋代释绍昙的“烂煨黄独替春蔬”、宋范成大的“瀹（渝）雪煮黄独”等，更将芋、黄独和一些不知名的植物搅和一气。

因了芋，派生出很多与其相关的名词，煨芋的炭火叫芋火，大芋头叫芋渠或芋魁（估计就是魁芋类），芋的叶及柄叫芋荷，芋的花序叫芋头花。和芋同科不同属但形态相似的海芋（*Alocasia odora*），以及和芋同属的大野芋（*C. gigantea*），野生常成片生长于热带雨林林缘或河谷野芭蕉林下，室内则布置于花园温室，巨叶铺展新绿的梦曲，隔着时光，隔着空间。群生在大田里的芋，姿态也很美，却被人类羁绊了生性，只能掩盖了绿郁参差，默默地衍生一代又一代。

夏末秋初的云南菜市场，常可以见到红杆黄苞或绿杆黄苞的芋头花，据说是芋的食花变种的花序，可惜吴地是吃不到如此美食的。宁波三臭之臭芋艿蓊，原料倒是芋的叶柄，反正那里多得是奉化芋艿，走一遭水田边，原料便顺手拈来，《奉化县志》记载，“数窠岷紫破穷搜”的岷紫便是最早期的奉化种植品种，不过到了明代中期，就普遍采用了浙南一带传入的魁芋类大芋艿。对于芋荷，客家人及云贵的一些汉外民族则会将其发酵制酸，形成独特的美食。

我国唯一的一部关于芋头的专著《芋经》，出自苏州吴县人黄省曾。黄省曾，明朝人，文学、农学、史学、地学、出版刊刻等领域皆有涉猎，且均有不俗的造诣，令如今诸多学者望尘莫及。他留下了大量著作，其中有农书《稻品》《蚕经》《艺菊》《养鱼经》《兽经》和《芋经》。苏州湖泊星布、河道纵横、气候温和，皆是芋头多植多食多俗之源，西晋左思《吴都赋》中，便有“蹲鸱之沃”之说。那中秋之香，深冬之绵，乃是芋艿和苏州人的缘分。

苏州人的葱花蒜叶

冬至霜落冰起，最让人难忘的有这样两个场景：一家人下班的下班，放学的放学，白炽灯下开盖砂锅香湿气氤氲，砂锅里面是经过霜的沙地白萝卜，切块加酱油、糖、盐红烧，出锅前撒下一把青蒜花，有时还要加一勺自家熬的辣椒酱。苏州人做的辣椒酱没有油、没有芝麻，只有少许盐，少了轻浮和华丽，而红正、古朴、简单。大雪纷飞夜晚的青石小巷，几乎没了人影、人声，随便掀起一家羊肉小店的棉帘，就是一屋子的温暖，灶头上的大铁锅里是反复熬过羊肉但已经不见肉块的清汤，青口瓷碗舀上一碗，加点盐，青蒜花一撒，青青白白暖了口、暖了胃、暖了心，还暖了眼，喝汤人还会切上一盘羊糕（即将煮烂的羊肉连汤冻制，成型后切片食用）。

对于本性不嗜辛辣、不逐异味的苏州人来说，葱、蒜（*A.sativum*）是厨房须臾不离的调味植物，如同山东人的大葱、湖南人的辣椒、四川人的花椒、西域引进的香菜。苏州人的葱是特有的细葱，学名香葱（*Allium cepiforme*），和北方人的大葱（葱，

葱

A. fistulosum，苏州人叫胡葱）完全不同，香葱绿丝如发、青丛葳蕤、清爽娟秀，感觉上都可以栽成水石盆景的。中国葱属，大概有138种，除了葱、香葱、蒜，还包括了许多大家耳熟能详的蔬菜，如韭菜（韭，*A. tuberosum*）、洋葱（*A. cepa*）、野葱（*A. chrysanthum*）、野蒜（薤白，*A. macrostemon*）、藠头（*A. chinense*，又名独头蒜）等。

苏州的小菜场里，卖菜阿姨特别是卖水产的，手脚麻利称完菜、鱼、虾，收完钱，总要抽几根细香葱，塞进你的菜篮，嘴里客套"be（给）倷（你）几根葱，烧烧ng（鱼）"，一来一去，乡情满满。苏州人烧水鲜是一定要放细香葱的，比如早春的清炒螺蛳、初夏的响油鳝糊、中秋的银鱼炒蛋、隆冬的红烧鲫鱼，如宋代刘子翚描绘的"投葱裂素丝，裁姜落金钱"那样。及至白菜烂糊肉丝、红烧粉丝、炒鸡蛋、凉拌莴笋也是一定要放葱花的（不是香葱的花，而是香葱的碎末），苏式汤面、猪油咸大饼（烧饼）、猪油糕等点心也离不了香葱，真真是"宝刀香腻春葱丝，玉盘寸断嫩葱芽"。

立夏时节，小青豆、毛板青、牛踏扁等品种的蚕豆纷纷上市，买一篮带着叶、披着茸毛的新鲜胖豆荚，小竹凳一坐，闲闲剥上一碗青皮绿眉，重油多糖，不加水煸熟，绿葱花一撒，就可进嘴了。苏州人还会将葱加工成葱油，香葱洗净晾干，切成碎，油锅烧开，放入葱花，小火煸至香味散出、葱花略发黑即成。葱油可淋白斩鸡、可拌凉菜、可滴素汤，葱油拌面则是苏州人经典夏季主食。"一杯斋馎饦，手自芼油葱""蔬羹相对泼油葱"，不知古诗中的油葱，是不是就是苏州人的葱油。

实际上，细香葱是微辣的，尤其是葱白，剥去外膜，苏州人也会将其如大葱一般，"酱蘸生葱白，虀浇熟韭黄"；也会将其酱制、腌制、酢制，"甑中白饭出新舂，瓮里黄齑细芼葱"。有个著名的传统苏帮菜"火芽银丝"，是将绿豆芽掐去两头，将剁碎调好味的火腿末、肉末塞进秆中，然后将豆芽投入煮沸的高汤（一般用乌骨鸡与排骨熬成），少顷即可食用。于是我就想，为何不用香葱叶管塞肉呢？当然，葱经不起炖会变软变黄是原因，但真正的恐怕还是苏州人只把香葱当调料，而难认其是登大雅之堂之物吧。

葱的叶片是中空的，"总角黎家三四童，口吹葱叶送迎翁"，不过细香葱的叶管虽空，估计难以成哨。相比于葱，亲缘关系极近的蒜，其叶片却是实心的。蒜的气味亦香亦臭，功能亦正亦邪，难怪有人说"幸脱蒌藤醉，还遭胡蒜熏"，有人说"蒜薤为馨香"。苏州的蒜最著名的是常熟白蒜，常用的则是蒜花（青蒜叶切成的碎）。蒜的鳞茎（蒜头）做成的盐大蒜头、糖醋大蒜头是苏州人早饭晚食的下饭菜，而生蒜头仅在凉拌黄瓜等少量凉拌菜里放一点，我所知道的炒菜中似乎只有生炖鳝段、清炒甲鱼会用到整个蒜瓣，其他菜几乎不用蒜头。毕竟"疙瘩"的苏州人比较嫌弃蒜的气味，而喜欢清爽的香葱。

早春季节，野地里一丛丛如发似丝、嫩软及地的野蒜，倒是一些阿婆嫂嫂们的所爱，"灯前饭何有？白薤露中肥""薤白罗朝馔，松黄暖夜杯"。青葱葱的野蒜叶炒鸡蛋、做面饼，白白的小鳞茎加盐、糖、醋腌制，待到七月夏日，绿豆清粥就着糖醋野蒜，疰夏顿愈、酷暑退避，李时珍更曰："其根（鳞茎）煮食、糟藏、醋浸皆宜。"

李时珍《本草纲目》记载："五荤即五辛，为其辛臭昏神伐性也。炼形家以小蒜、大蒜、韭、芸薹、胡荽为五荤；道家以韭、薤、蒜、芸薹、胡荽为五荤；佛家以大蒜、小蒜、兴渠、慈葱、茖葱为五荤，兴渠即阿魏也。"其余各物现在都有对应者，只有慈葱，不明确究竟是什么植物。李时珍认为："冬葱即慈葱，或名太官葱。谓其茎柔细而

香，可以经冬，太官上供宜之，故有数名。”从描述来看，这个慈葱真有点像细香葱。故而，葱为佛家荤而非道家荤，蒜为各家荤；而一直传为各家荤的野蒜则不是荤，因薤白不是薤，薤（藠头）才是荤。一生信仰道教的名医张仲景有著名的“瓜蒌薤白白酒汤”，《尔雅》亦称薤白：“茎叶亦与家栽相类而根长叶差大仅若鹿葱，体性亦与家薤同，虽辛而不荤五脏，故道家常饵之。兼补虚，最宜人。”故野蒜真不是荤。

葱“初生曰葱针，叶曰葱青，衣曰葱袍，茎曰葱白，叶中涕曰葱苒”。诸物皆宜，故云“和事”，这是葱的温暖；浅绿略显微黄的葱芽叶是葱绿色，淡淡青绿色的嫩葱叶是葱青色，成熟葱叶是青葱色，这是葱的妩媚；郁郁葱葱、葱翠欲滴、葱蔚洇润、浓郁葱茏，这是葱的辉煌。

“韭葱蒜薤青遮垄，蓣芋姜蘘绿满畦”。苏州人静静成云淡风轻的生活，就着葱情的佳肴、蒜意的美食，将天天日日熬制成岁月的细水长流、温柔风景。

翠羽丛生紫花菘

元旦一过，苏州的家家户户显得忙碌起来，前前后后，不仅有冬至夜、腊八、元旦、春节等节日的一应杂事，更有腌菜、酱肉、腌咸肉、腌cyi鱼（青鱼）、风鸡、灌香肠等劳作。菜市场走一圈，看到十字花科蔬菜明显增多，各式青菜当属最多，长秆的、矮脚的、踢地的、芳香的，白菜则有大白菜（黄芽菜）、娃娃菜，其他如包菜、擘蓝、花菜、荠菜、芥菜、芜青（蔓菁）等，应有尽有。小寒时节主角之一，那就是“密壤深根蒂，风霜已饱经，如何纯白质，近蒂染微青”的萝卜（*Raphanus sativus*），圆长大小、青红紫白排列组合般搭配着形态、颜色的萝卜，依然是十字花科的。

萝卜类的植物（萝卜属*Raphanus*）共有8种，早年植物学家林奈定名“萝卜”时，拉丁学名意思是“栽培”，确实，这个属除了萝卜外，其余7种均为野生植物，包括也被林奈描述过的野萝卜（*R. raphanistrum*）和长角萝卜（*R. caudatus*）。根据不同的栽培区域和显著差异的性状，萝卜又被分成很多变种，故而，你所见到的大小叶丛、各形根、各异皮色等，比如长粗白皮白芯红芯、短粗红皮白芯绿芯、青皮紫芯白芯青芯、小圆红皮白芯的块根，让人眼花缭乱，但植物分类仍然是同一个种。前些年，受一位研究萝卜的教授邀请去他实验基地，指着约半亩地里的高矮粗细、青叶葳蕤的植株，告知里面有700多个萝卜品种。站在这个种质圃的地头，我方明白，植物分类学家在园艺学家面前一定会"疯"掉。

和很多植物一样，萝卜的名字从古到今亦是多变而纷乱的，雅些的有紫花菘、温菘，平常些的有芦萉、莱菔、芦菔、荠根，奇怪些的有葖、雹葖。清人王鸣盛考证出"萝卜"是"莱菔"始于唐代的讹变，谓之"莱菔乃根名，上古谓之芦萉，中古转为莱菔，后世讹为萝卜"；元人王祯则认为："萝卜一种而四名。春曰破地锥，夏曰夏生，秋曰萝卜，冬曰土酥。"最让人争议的是《诗经》中的"采葑采菲，无以下体"，通常认为"葑"是芜青，"菲"是萝卜，此后有不少释书论道，认为"葑"是芜青无疑，而"菲"是什么植物考证不一。有一种田间蔓草，大叶白花，根白如指，蒸食有甜味，叫"葍"，一说是旋花科植物旋花（*Calystegia sepium*），一说是旋花科的藤长苗（*C. pellita*），所以似"葍"的"菲"不可能是萝卜。不过，十字花科的萝卜、擘蓝（*Brassica oleracea* var. *gongylodes*）、芜青（*B. rapa*）、大头菜（*B. juncea* var. *napiformis*）等都很相像，你中有我，我中有你，古人分不清很正常，即使是现代，对于这些非常相似的种仍鉴别模糊，比如萝卜和芜青，网络上有几百种鉴别指导，但看了都觉似是而非，而且基本无人提及最关键的鉴别点，即萝卜是根有根毛，芜青是茎有分枝。

汪曾祺散文《萝卜》这样写道："杨花萝卜即北京的小水萝卜，因为是杨花飞舞时上市卖的，我的家乡名之曰杨花萝卜……萝卜总是鲜红的。"这描述极像四季萝卜，因

萝卜

形似樱桃又叫樱桃萝卜。自小生活近20年的苏州，从来没有见过或吃过樱桃萝卜，到南京读书后方识，并终觉生食凉拌才美。柳絮杨花飘浮的春天，苏州也是有杨花萝卜的，不过是那种整体有些歪七扭八，不太长、不太粗，皮白且一头带些紫色，烧荤汤熟食，通常在烧前先焯一下水，炖好后极酥烂美味，略带苦。很多年没有吃到家乡的杨花萝卜了，不知这个地方品种如今是否依然存在。苏州角直的萝卜干很出名，其中有一种“蜜枣萝卜头”，圆圆小小透着金黄，原料极像四季萝卜。

青皮紫红芯，芯子横切面呈现放射状结构的萝卜品种，南京人叫“心里美”，在苏州时也从没见过吃过，但在肖复兴散文《冬日北京城里的“萝卜挑”》里读到过：“隔巷声声唤赛梨，北风深夜一灯低，购来恰值微醺后，薄刃新剖妙莫题。”萝卜挑卖的是心里美和卫青。在清代《植物名实考》中也读到过：“冬飚撼壁，围炉永夜，煤焰烛窗，口鼻炱黑。忽闻门外有萝卜赛梨者，无论贫富髦雅，奔走购之，唯恐其越街过巷也。”并评价“琼瑶一片，嚼如冷雪，齿鸣未已，从热俱平。”吴其浚吃的是否是“心里美”，是否是南京的这种“心里美”，恐怕无从考证了。有幸在宜兴尝过，将红皮白芯萝卜切成横竖花刀再切大片，拌上香菜，加上糖醋等佐料，觉得非常好吃，此后自己也常做了。

《本草纲目》曰：萝卜“可生可熟、可菹可酱、可豉可醋、可糖可腊可饭，乃蔬中之最有利益者”。各大酱园、各式酱菜，萝卜是头牌，南北风味、丰俭由人。萝卜干是统称，分加酱腌制和不加酱腌制，前者如潮汕菜脯、角直萝卜干、北京六必居的甜酱萝卜，后者如萧山萝卜干、如皋甜条、槐茂酱园春不老（春不老，一种腌菜）等。苏州人有两种萝卜干，不是当下粥菜，而是作茶食甚至零食的，一谓角直萝卜干，经甜酱封

暖炉温室映着书香墨馨，檀香木案几上，一碟青皮紫芯、三片红皮白里，这样，才是食萝卜的最高境界

闭，制作周期长达10个月，成品酱色深浓，韧软筋道，切成薄片澄明透红，甜咸兼得；另一谓春不老，虽然其不似角直萝卜干那样为苏州特有，但苏州酱园的春不老还另有一功，淡黄色的萝卜厚片干后呈卷耳状，间些青绿腌芥碎，撒些白色芝麻粒，杂些橙红陈皮丝，甜甚于咸，冬日午后阳光下，慵懒于藤椅，配上太湖洞庭的碧螺红茶正相宜。那时的苏州酱菜店还有一种青萝卜干，青皮略带青白肉的大条，连皮吃的感觉极为脆爽，十分粗犷，现在也早已见不到了。

有一种和萝卜名相近、物相远的植物，名为胡萝卜（*Daucus carota* var. *sativa*），伞形科植物，与亲民的萝卜亲缘甚远，味道甚异，色差甚大，多少带些贵族气。胡萝卜与它中石器时代祖先野胡萝卜，遗传关系极近，但后者白色、纤细、芳香辛辣的小纺锤体肉质根，和前者呈现浓烈鲜艳红色、橙色、黄色、紫色的长粗肉质根，究竟是怎样演化而成的，这真是个谜。

“晓对山翁坐破窗，地炉拨火两相忘。茅柴酒与人情好，萝卜羹和野味长。”冬日食萝卜居然有如此意趣，所以，人情绪好，吃什么都只是点缀，重要的是心境，正如杨万里所说：“雪白芦菔非芦菔，吃来自是辣底玉。花叶蔓菁非蔓菁，吃来自是甜底冰。”大雪漫卷伴着梅红蜡黄，一袭青色长袍；暖炉温室映着书香墨馨，檀香木案几上，一碟青皮紫芯、三片红皮白里，这样，才是食萝卜的最高境界。

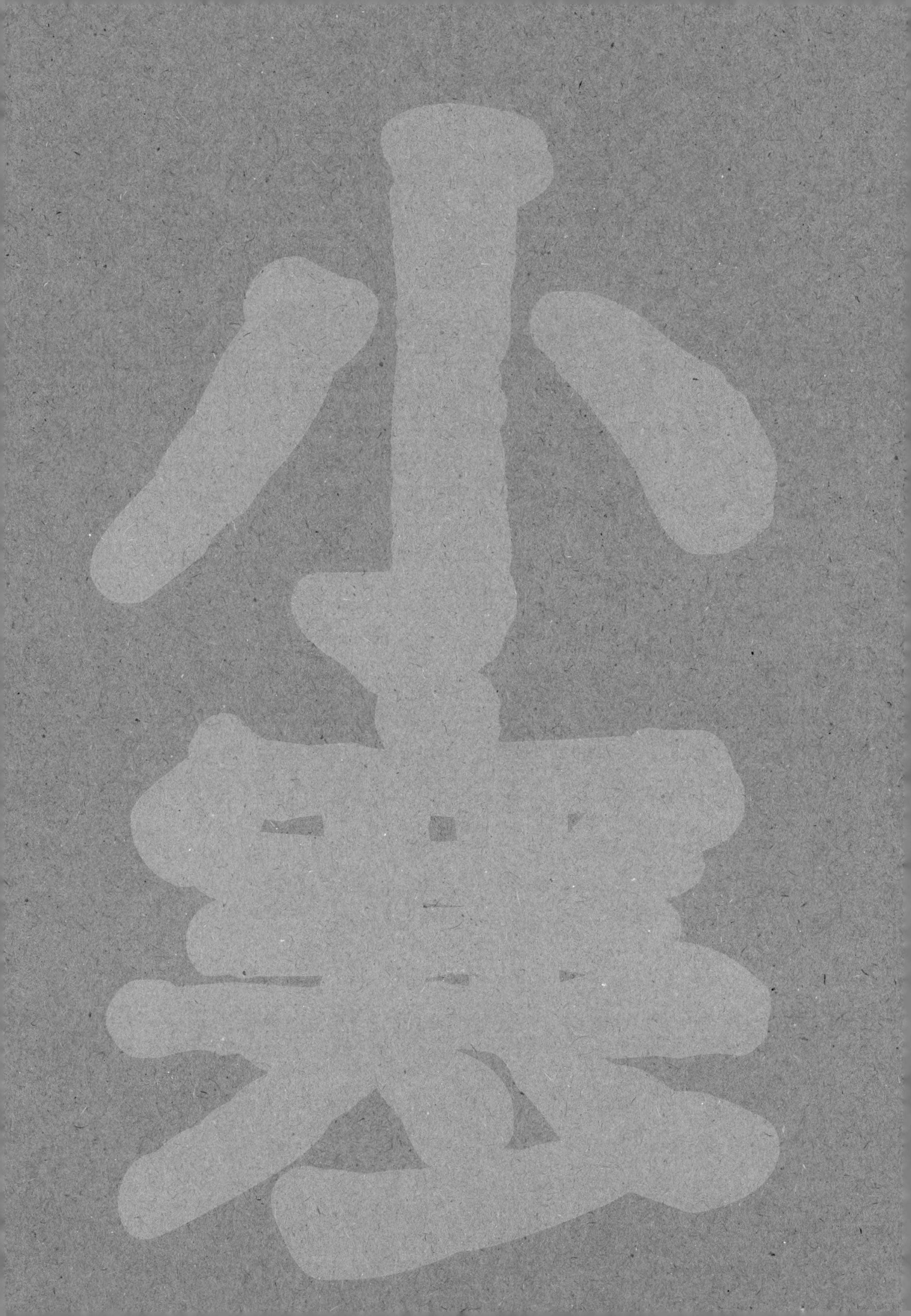

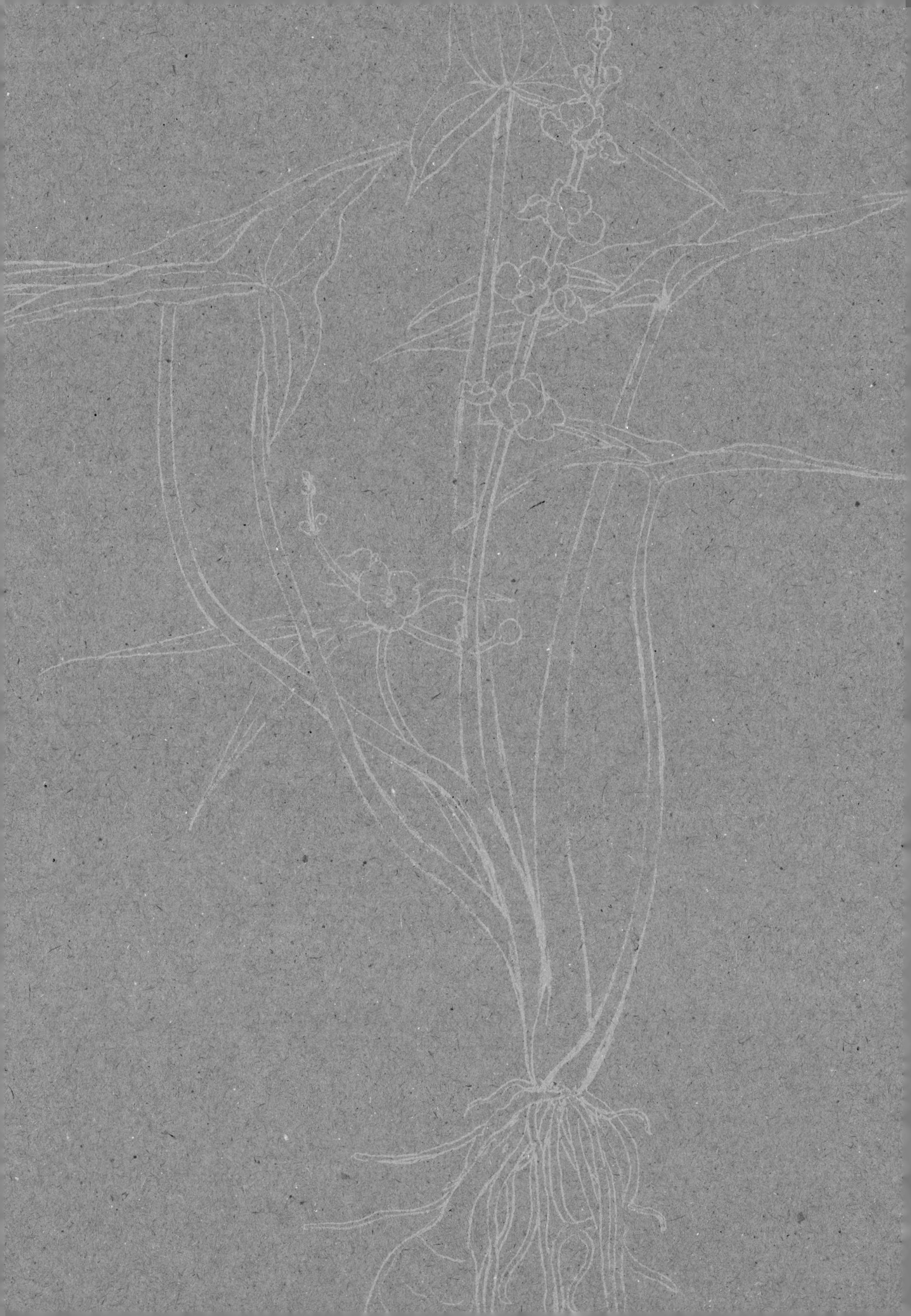

叶兮箭箭，花兮青青

曾读过苏州作家苏童的短篇小说《茨菰》，乡下姑娘彩袖用瓷片刮过的茨菰，在无人的厨房偷吃过的茨菰烧肉，都带有浓郁的悲苦之味。刚刚挖出来的新鲜茨菰，都带着些泥土，放在菜摊前，隐隐有一股泥土的气息，买菜人可以透过泥土，探究茨菰的大小好坏。苏州人家有“大蒜炒茨菰片”“茨菰炒肉片”“茨菰烧肉”这几只传统的家常菜，茨菰和荤料炒，苦味会变淡。小时候不爱吃茨菰，但爱吃茨菰烧肉，现在上了年纪，依然不爱吃茨菰，连同茨菰烧肉也不爱吃了。

慈姑，《中国植物志》上是这样写的，很多工具书也这么写，如《现代汉语词典》“茨菰”条：“现在一般写作‘慈姑’。”民间还是称“茨菇”为多，而“茨菰”则是古代书札诗词中的称谓，如宋代陈与义的“三尺清池窗外开，茨菰叶底戏鱼回”，清代陈份的“秋雨兮冥冥，庙门兮水汀。苇叶兮簌簌，茨菇花兮青青”。不可否认，“茨菰”是几个名字中最具有草木意蕴的，还带点诗意，难怪苏童要用“茨菰”而不是别的。

慈姑

“茨菰”之写法，首见于唐代《新修本草》，作为“乌芋”的别名：“此草，一名槎牙，一名茨菰。”乌芋和慈姑其实是两种植物，被此书混为一谈。《本草纲目》曰：“乌芋、茨菰原是二物，茨菰有叶，其根散生，乌芋有茎无叶，其根下生，气味不同，主治亦异。”唐代晚些时候，《千金翼方》中出现了“茨菇”，明朝的《农政全书》正式出现“慈姑”，并记载“一名藉姑，一根岁生十二子，如慈姑之乳诸子，故名。”所以，“慈姑”是象形。

慈姑为泽泻科植物，在英文版《中国植物志》里，“慈姑”这个名字消失了，变成了野慈姑（*Sagittaria trifolia*）的亚种华夏慈姑（*S. trifolia* subsp. *leucopetala*）。曾经，《中国植物志》还将叶片明显窄小呈飞燕状形态的，定名为野慈姑的变型剪刀草（*S. trifolia* f. *longiloba*），但这个名字居然能在陆游的诗里见到：“荷锸庭中破嫩苔，清沟一派引泉来。剪刀草长浮萍合，无数游鱼去复回。”可见，“剪刀草”古已有，只是后来的植物家们认为其是野慈姑的一种极端形态而归并掉了。

慈姑和荸荠（*Eleocharis dulcis*）一样，都是水生植物，食用的是地下球茎，只不过两者球茎的形态不一样，慈姑球茎圆球形，色黄白或青白，有一个远远长于球体的长顶芽，在我国长江以南各省区广泛栽培。苏州最有名的慈姑品种叫“苏州黄”，黄衣正明、白肉素清，果大润满、吃口香糯，往昔的主产地，一派娄风芊牂、葑塘葳蕤，煞是风情，小寒节气，早已上市了，现在已经很难吃到苏州黄慈姑，市场上外地品种居多。《洞庭东山物产》曾经记录“慈姑有紫花、白花二种”，看上去苏州慈姑地方品种曾经不止一种。

慈姑的花儿清秀，小小的并排的白色，蓓蕾嫣粉、花蕊亮黄，惹来众多的文字歌吟，如明代杨士奇的“岸蓼疏红水荇青，茨菰花白小如萍”，宋代董嗣杲和杨长孺则各有《茨菰花》：“剪刀叶上两枝芳，柔弱难胜带露妆。翠管嫩粘琼糁重，野泉情心玉蕤凉。”“折来趁得未晨光，清露晞风带月凉。长叶剪刀廉不割，小花茉莉淡无香。稀疏略糁瑶台雪，升降常涵翠管浆。恰恨山中穷到骨，茨菰也遣入诗囊。”这是一种讲究意境，安静极了的植物。

慈姑的叶，形态很特别，一叶三裂如箭矛，长短、宽窄变异大，野塘翡翠绿，家池碧玉青。因其特别，还曾经被冠名“泽泻纹”。虽同科，但泽泻属（*Alisma*）植物的挺水叶常常是椭圆形、卵形或浅心形至多披针形，和慈姑完全不同。元代满池娇纹样中也常见慈姑叶纹，明代开始少见，到清代就几乎没有了。现在还能见到的，只有京剧和评书中的“额前倒拉三尖慈姑叶”“顶梁门倒插三尖慈姑叶”等，一般为武生、武旦的头饰，有时在民间的戏曲中也用。

处理慈姑球茎与荸荠不同，多半会把长长的顶芽留着，红烧则球茎连芽一切两半，切片则球茎切完，再将芽单独一切为二；也有煮熟了，剥皮后蘸糖当闲食点心，那芽正好就是把手。无论何种食法，削去底座、刮掉鳞叶，清水洗净即可，但古人则复杂许多，“冬及春初，掘以为果；须灰汤煮熟，去皮不致麻涩戟咽也。嫩茎亦可炸食”。慈姑除了有点苦别无他味，许多人许是喜欢这种别味，才乐此不疲地追趣。搭荤方良的慈姑，充分吸收荤浓料香成至味，而且在烧好后，往往要剔除荤，因为要的只是它们的留味。苏州特色小吃“油氽慈姑片”，金黄、苦香、松脆，因片薄还常常会鼓起大或小的空泡。入冬，炒货店都有得卖，可以直接吃，也可以撒上一点椒盐，是

慈姑的叶，形态很特别，一叶三裂如箭矛，长短、
宽窄变异大，野塘翡翠绿，家池碧玉青

下酒的小菜，有些菜馆还把它作为餐前小碟。这是个远离家乡多年仍心心念念、百吃不厌的东西，哪怕像不喜欢吃慈姑的我，每次回家乡都会买上一些。

水中物本清纯天姿，故而慈姑早已成了观叶赏花之佳植，自然也成了书画人笔下作。白石喜柿、大千善荷，而苦禅大师对慈姑情有独钟，不少画里弥漫着文化了的慈姑的芬芳。《慈姑鱼鹰图》中，慈姑燕尾般的青绿叶，烘托出落在岩石上的鱼鹰。《荷塘栖翠图》中，慈姑箭叶墨晕，题曰："湖沼水浅，荷茨（慈姑）丛生，小鱼群游，喰喁其间，岸柳翠鸟，不时窥及，亦尝见之景。"

汪曾祺先生的散文《咸菜慈姑汤》为大家所熟读，其中写道："前好几年，春节后数日，我到沈从文老师家去拜年，他留我吃饭，师母张兆和炒了一盘慈姑肉片。沈先生吃了两片慈姑，说：'这个好，格比土豆高。'"张兆和久居苏州九如巷，濡染了浓厚的苏州情结，沈从文是九如巷的女婿，自然爱屋及乌了。那些个岁月，平江八门外，闲地尽见水汉塘；湖田半种箭叶青，秋风时遮慈姑长。

谁家墙内几株藤

老苏州人家的房子，常常会有一条狭窄幽长、直通无障碍的“陪弄”或“街弄”，即盖有屋顶的弄堂，“陪弄”为宅内弄，“街弄”为将两条平行的街连通的弄。弄，长可达五六十米，隔一段就有一个门，推开门是一个院子或天井，就是一户人家，有墙与另一天井或院子邻居相隔，使相对独立分割的各进房屋得以分合有度、进出自由。弄里没有采光系统，要么墙上挖孔放盏油灯，要么顶上瓦片搭出空隙透光。两旁的院落里，常常会有天然弯成伞形的木绣球（植物名绣球荚蒾），圆圆花团如同每根伞骨尖吊缀着的雪球，参差繁芜，湿润的空气凝成水珠，滴落在长满薄苔的青砖上，淡淡的香味无声地绕着一楼一底的木质旧房，一袭灰衫或一身月白长裙的读书人在轻轻地诵吟。

那些陪弄的一扇扇腰门或一个个花窗里，都会有属于苏州的故事，可能关于忍冬（*Lonicera japonica*，又名金银花）藤，关于木香（木香花，*Rosa banksiae* var. *banksiae*）藤，关于凌霄（*Campsis grandiflora*）藤，关于蔷薇（*Rosa*）藤，也可能是关于紫藤（*Wisteria sinensis*）。我没有见到过我的外婆，但却有个和外婆是双胞胎的姨婆，人唤

“娘姨妹妹”，想必是双胞胎中的妹妹。小时候，喜欢去姨婆家，因为她家有个让童年的我无比崇拜的植物世界，绝不同于种植凡花俗草的我家大院。第一次认识忍冬藤，第一次知道山茶花，第一次惊叹南天竹的红果，第一次触摸红木的花架，都在这个由幽深陪弄进入的家里，和一个湿润、阴郁、草木葱茏又有些凌乱的园子里。

一直喜欢藤本植物，在于它比灌木柔，比乔木弱，比草本媚。“生枝逐架远，吐叶向门深”。独特的姿态，犹如诗的韵脚、歌的过门、琵琶的琴码、云子的藤盒，无论是野地还是庭院，藤植总是绕墙攀篱，独领风骚。时而晨起，小雨淅沥，人家木门紧掩，却见紫藤瓣落，残粉一地，沾水成诗；时而晚步，月影朦胧，几重庭院深深，还听蔷薇开花，变幻迷彩，凝露作词。凌霄藤的浓彩重墨，热烈而艳丽；薜荔（*Ficus pumila*）藤的青拙绿涩，古朴而神秘。

绿色萧瑟的深冬，早起吃点生煎包、咸豆脑、苏式面，顺着名曰一线弄、一人弄、韭菜弄、香肠弄这样可以让人联想宽窄的小巷，悠悠走到任何一个园林的茶社，沿路则可见墙内垂出木香、凌霄、蔷薇的枯枝，以及仍有无限生机的忍冬藤，叶显暗绿，藤呈绛红，让缩缩萧萧的人们精神一振，还会忆起它“清馥蔷薇酽，薰满千村万落香”的季节。高墙之内，除了家院，当然还有明代的拙政园、留园和宋代的沧浪亭、网师园等私家园林，以及散落老城各处的藕园、怡园、曲园、艺圃、狮子林等。如今，苏州固定的园林赏固定种类的花渐成气候，沧浪亭的兰、拙政园的荷、虎丘的梅、天平山的枫（枫香树，*Liguidambar formosana*），然终有时尚痕迹，但那几乎每个园都有的几株藤，则像水墨画中的重黑，透出无可替代的亮点。及至拙政园不知谁植的一黄一白、一方一圆两架百年木香藤，和文徵明手植老紫藤，将诗意风情演绎得淋漓尽致。

藤花之景

忍冬

忍冬藤高近数丈，柔蔓四袅，入冬，老叶枯落，新叶继起，凌冬不凋。它的花名金银花，入夏就开放，长寸许。青叶柔藤间，一蒂双花，有两朵均白色，有两朵均黄色，更多是一黄一白色，金银相聚，故名“金银花”。追踪看几天，明白了，原来，花初开时双花蕊瓣俱色白，一二日一花黄，二三日两花俱黄。小说家张恨水说：“金银花之字甚俗，而花则雅……每当疏帘高卷，山月清寒，案头数茎，夜散幽芳。泡苦茗一瓯，移椅案前，灭烛坐月光中，亦自有其情趣也。”金银花洗去铅华，是恬淡寂然的朴实，平中透秀，凡里间韵，“金花间银蕊，翠蔓自成笑”，全凭看花人的心境。并不是所有的忍冬类植物的花都是黄白色，走在平江路上，你还能看到红色花系列的变种红白忍冬（*L. japonica* var. *chinensis*），以及国外引种的穿叶忍冬（*L. sempervirens*）等。

喜欢在凌霄藤花开的季节，漫步在苏州的高墙小巷里，比如庆元坊、滚秀坊，看枝枝灿若暮霞的花蔓伸出白墙、黛瓦，凌空构画，这样的画在苏州城里很多。站在这种画下，总会猜测园墙内是怎样的风景，风景的主人又会是怎样的美人。喜欢在木香藤花开的季节，漫步在驳岸新旧、茶楼高低的平江路，如瀑的黄木香给人静好、清丽的感觉，像极了道地的苏州女子。站在木香花下，常浮现少年时期的情景，湿漉漉的晚春雨季，小雨滴答的清晨，如同亲戚般时时造访的脚步声，在潮湿的木楼梯上响起，蓝帕竹裙的卖花阿婆，竹篾篮里三茎两枝，是早起摘下湿漉漉的木香花，有时还有绛红猩浓的蔷薇，间或有几枝香意沉醉的白瑞香。

相比于苏州其他大名鼎鼎的园林，艺圃是小家碧玉般的天地，也是巷子深处的遗迹。这个坐落在金门附近的小园，为明代嘉靖年间袁祖庚所建之“醉颖堂”。入宅门后，有一段夹弄，粉墙斑驳、苔藓苍绿，却见蔷薇花数藤，青枝绛花、凌空弥香。

“浓似猩猩初染素，轻如燕燕欲凌空。可怜细丽难胜日，照得深红作浅红。”虽已无法考证究竟何年种植，谁人所种，什么品种也不十分确切，但虬枝苍劲、粗藤朴拙，映画出久远的沧桑。这些年艺圃的蔷薇花渐渐流传，每到四五月时节，人们结伴络绎而来，从九曲回肠般的苏州平常小巷子里面穿进穿出，只为了寻觅这古典文艺范儿。

寻常人家还可见到夹竹桃科常绿木质藤本络石（*Trachelospermum jasminoides*）藤，花白色，高脚碟状，奇香，攀缘在树干、石上，络石络石，其意自明。牵牛花（*Ipomoea nil*），朝颜露凝水润，开了合，合了开，将那红绛蓝紫轻摇慢曳。虽有黑白二丑，萦蔓缠缠绕绕，串娇蕊青萼小碟，夜雨做成秋，素花开日近重阳，瓣瓣离离，几茎青藤望秋风，叶叶萧萧。姑苏的每个园林、众多老宅庭院，都会植有紫藤，伴随着软糯悠扬的评弹声散逸沁脾芳香，花开时节，让江南的晨晨昏昏，弥漫着紫色的、梦幻的气息。

明代著名书画家、文学家、戏曲家、军事家徐渭，号青藤老人、青藤道士。齐白石先生喜藤生痴，画作描藤无数。可见，轻翻闲书、细数珠帘时，园内高藤当是水里加茗叶，风中闻花香。雨从檐角串滴，轻烟留在心底，走一路凌霄芳颜，留一身木香芬芳，何处都是水云间的意境；寂寞静赏青藤，悠然闲看白云，日子依旧还是桃花源。白墙黛瓦年年在，墙上花藤岁岁长，只是园里的人，风景，人的故事，风景里的人，不断地来来往往、是是非非。

大業

侵雪开花识旧香

《荆楚岁时记》二十四番花信风，谓“大寒：瑞香、兰花、山矾”。先说“独自倚春风”的山矾，“生江、淮、湖、蜀山野中，树高大者高丈许。叶似栀子，光泽坚强，略有齿，凌冬不凋。三月开花，繁白如雪，六出黄蕊，甚芬香”。黄庭坚在其《山矾花二首》诗序释曰：“江湖南野中，有一小白花，木高数尺，春开极香，野人号为郑花。王荆公尝欲求此花栽，欲作诗而漏其名，予请名山矾。野人采郑花以染黄，不借矾而成色，故名山矾。”这两段的描述和如今的山矾（*Symplocos sumuntia*）基本无异，那明明是春日开的花，为何要列作大寒之花呢？除非此山矾非彼山矾，还待细究。只是这瑞香（*Daphne odora*），倒是奇花一种，苏州“石湖居士”范成大描述：“一丛三百朵，细细拆浓檀。帘幕护花气，不知窗外寒。”

对这一类群不甚熟悉，因而很迟才对瑞香花有较正确的认识。记忆中的是仲春四五月，下了夜雨还有一丝清冷，家园里露台阶下有一棵“瑞香”，沾满雨水的小白花

瑞香

簇簇，凑近闻幽香无限，在紫蔷粉茑中显得格外秀丽雅致，邻居一位生物老师，告知这种花叫瑞香，从此视为珍品，极喜。几年前的大寒时分，在朋友家看到怒放中的一种外面淡紫红色、内面肉红色的花卉，“春沁幽花透骨清，矮窠殊迈百芳馨。紫英四出醉娇粉，绿萼千攒簇巧丁”。知道是瑞香属的，但以为是国外进口或园艺品种，及至在花鸟市场看到万棵千盆，还有花相同但叶片镶金边号“金边瑞香”的，才对自己一直以来的认识有了怀疑。

翻查《中国植物志》，才发现这种有着睡香、露甲、露申、风流树（《群芳谱》）、蓬莱花（《花镜》）、千里香、麝囊、锦熏笼、锦被堆等一堆别名的花卉，即我看到的花开外面淡紫红色、内面肉红色的植物，才是真正的瑞香，确实在冬季开放。那么仲春开白色花的，是什么呢？“陌上春风已半酣，薰笼院静怯轻寒”又是怎么回事呢？四十多年一直放在记忆深处的美丽梦醒来，知识正确了，但遗憾满满。 瑞香，脱尘而清雅，这样的花就该是白色的，小小淡淡，而那样的紫红、肉红，毕竟有点热闹中带俗气。私心里又想，瑞香是栽培种，古代瑞香也许有白色花，苏东坡一曲“幽香结浅紫，来自孤云岑，骨香不自知，色浅意殊深”，乔桑一篇《庐山纪事》“瑞香产山中，南唐中主李璟喜欢，移植到宫里，种在含风殿，命名为紫蓬莱”，交代了起码在南唐之前，栽培的瑞香已是开紫色花的了。

关于瑞香，故事很多，五代宋初陶穀的《清异录》记录：“庐山瑞香花，始缘一比丘昼寝磐石上，梦中闻花香酷烈不可名，既觉，寻香求之，因名睡香。四方奇之，谓乃花中祥瑞，遂名瑞香。”女诗人朱淑贞咏瑞香：“发挥名字来庐阜，弹压芳霏入醉乡。最是午窗初睡醒，重重赢得梦魂香。”其实瑞香是否出身庐山查无实据，但起源于长江中下游南部，并惠及当地各山则是有可能的。瑞香同属近缘野生种很多，中国有52种，其中特有种41种，主要分布西南和西北，大部分怒放山野，无人嗅香。北宋惠洪和尚的《冷斋夜话》里说，瑞香有黄色和紫色两种，其实瑞香没有黄色花，但近缘种白色、黄色花的种类真不少。

《中国植物志》记载“瑞香”之名出自《郭橐驼种树书》，出于兴趣，对这本名字怪怪的书作了一番考证，结果“瑞香”未竟，书出意料。郭橐驼原来是柳宗元散文《种树郭橐驼传》塑造出来的一个人物，一个虚构的有卓越种树技能的驼背人。明代的俞宗本，撰写了一本《种树书》，在明清古本中内页注为“唐 · 郭橐驼著”，虚构人物竟然成了作者，不料此书在民间广受欢迎、奉为经典，直至清末民初才逐渐湮灭。经学者考证发现，《种树书》竟然90%以上抄袭了南宋初期温革的《琐碎录》，故，史上本无《郭橐驼种树书》，“瑞香”之名出自哪个朝代还需要考证，只不过在宋朝，瑞香花已是家喻户晓了。

早春二月，溪始流，芽初萌，苏州近郊的灵岩山、穹隆山等山丘上的平地，就起了一丛丛紫色的花枝，茂密的朵儿几乎掩盖掉小小的叶片，这是与瑞香的同属植物芫花（*D. genkwa*），野生遍及大半个中国。刚到南京上学时，曾去紫金山、宝华山、青龙山等野外实习，就见识过这种迎风摇紫、艳丽无比的植物，有些香，但老师告知有毒。芫花开的季节，山上的大半植物还没绽绿，于是串串紫芫与黄土裸石相配，有映山紫的气势，但终究有些单调和寂寞。“芫花半落，松风晚清”，这时，春天才真正到来了。

因了一个片段或者一个画面，那春日雨后温存存的香，湿漉漉的白，或化作蓝印瓶供，或幻影黄绢墨迹，记忆深处总是挥之不去，因而就与瑞香有了无端的隔阂。

台阶边的瑞香

“名麝囊，能损花”。“浅色映华堂，清寒熏夜香，应持燕尾翦，破此麝脐囊，有恨成春睡，无人见洗妆，故山烟雨里，寂寞为谁芳”。都以麝香比瑞香，民间更有说瑞香夺他花之香，“紫云蹙绣被，团栾覆衣篝。浓薰百和韵，香极却成愁”。寒日有梅的暗香、忍冬的郁香、兰的幽香，瑞香的用力显然落得个浓得过头、艳得失真的坏名，所谓凡事从一开始就该放下，太过追求就是错念了。

闲读宋代周密的《癸辛杂识》，其中“插瑞香法”言：“凡插之者带花，则虽易活而落花，叶生复死。但于芒种日折其枝，枝下破开，用大麦一粒置于其中，并用乱发缠之，插于土中，但勿令见日，日加以水浇灌之，无不活矣，试之果验。”反科学的异法，有趣。瑞香繁殖似乎很容易，可扦插、压条、嫁接或播种，扦插多在清明、立夏前进行，也可在秋季。可惜没《琐碎录》读本，不知经典之作是如何指导“种瑞香”的。

“买断春光与晓晴，幽香逸艳独婷婷”。如同名人一样，名花也是非多，但对赏花人来说，喜欢便是好物，心念才能开花。一丛瑞香，构成苏州最活色生香的冬天。

紫琅，水中的清甜

冬至一过，年的脚步声就渐渐临近，天气也慢慢进入严寒。市场上多了一些长在地底下的物什，比如旱作的山药（薯蓣）、山芋（番薯）、芋艿（植物名芋），再比如水生的荸荠（*Eleocharis dulcis*）、茨菰（华夏慈姑）、冬藕（莲）。积攒了一年的淀粉、糖分精华呈现，这些物什或粮或菜或果皆宜，还会出现在冬炖的各式滋养人的汤中。甜，是荸荠的特质，正如宋代诗人陈宓《凫茈饷王丞》诗中写的："仙溪剩得紫琅玕，风味仍同荔子看。何以清漳霜后橘，野人还敢荐君盘。"诗中的紫琅指得就是荸荠。

今人说荸荠，多提及汪曾祺小说《受戒》及里面的小英子、小和尚。"荸荠的笔直的小葱一样的圆叶子里是一格一格的，用手一捋，哔哔地响……"其实，荸荠没有叶子，小葱一样的是丛生直立的秆，秆的基部可以看到2~3片绿黄色、紫红色或褐色膜状的叶鞘。到了时节，也会有如同稻麦般的小穗，开着绿白色的小花，丝丝缕缕如被春风缠绵的毛线。

明朝苏州人吴宽，写有《东昌道中偶阅画册各赋短句 · 荸荠》："累累满筐盛，上带葑门土。咀嚼味还佳，地栗何足数？"这个葑门，为苏州八大城门之一，门外之沼荡历来水草丰盈，呈现芡实茭白凫茈菱、慈姑莼菜水芹藕的盛景；地栗即荸荠，如今上海人仍如此称呼。《姑苏志》亦载："荸荠出华村者色红味美，不能耐久；出陈湾村者，色黑而大，带泥可以致远。"华村、陈湾，均为葑门外一带。"洞庭橘子凫芡菱，茨菰香芋落花生。娄唐九黄三白酒，此是老人骨董羹。"写的就是繁华的平江府地，民生兴旺，物产丰盈。

荸荠生熟食均可。早些年多有生食，鲜洁甜脆，用小刀将秋球茎转圈圈去皮，烦得很，往往还会损失些白肉。后来怕有寄生虫，多半就煮熟了再吃，风味和生食完全两样，香了些，绵了些，肉也变得剔透，但煮荸荠的水很好喝，难怪广东一带的甜水用荸荠相配的特别多。荸荠入菜肴，多与荤搭，荸荠炒肉片一直是"入得了宴席，下得了食堂"的经典，连陆游都引发了"凫茈小甑炊，丹柿青篾络"的情绪。如今市场上，卖菜人闲着也是闲着，就将荸荠去皮加工出售，下班匆匆而至的人们，称上半斤，再配几元钱肉片，晚饭桌上，老少咸宜。江南，有时还能吃到荸荠淀粉洗沉后调制的荸荠粉羹，《山家清供》记："凫紫可作粉食，其甘滑异于它粉。"

苏州有两桩与荸荠有关的趣俗，一曰"掘元宝"，一曰"做风干荸荠"。立春前后除夕到，"掘元宝"在大年夜，年前早已选择好的大个饱满荸荠，洗掉球茎底的烂根及球茎上一圈圈的鳞叶，黄嫩嫩的芽则千万不能掰掉，然后用水煮熟，盛饭时，每个人的小碗放上两只熟荸荠，然后盖上些米饭。吃时先用筷子把荸荠从饭下挖出，嘴里念叨"挖到元宝了，挖到元宝了"。我曾问过母亲，为什么不能去掉荸荠黄芽？岂不是更像元宝？母亲说，这是老祖宗留下的规矩。

相关荸荠的有两种颜色，红紫乌亮如皮的曰“荸荠色”，洁白细嫩如肉的曰“荸荠白”。除了藕荷色，这是另两种以水生植物命名的颜色，同样是古韵浅浅，文气深深

创始于清光绪初年1745年的“野荸荠”，苏州这家为总店，浙江南浔有分号，一种植物，成了一个店名，可见其身价的不俗，意蕴的风雅

一直认为“风干荸荠”是一种习以为常但又很不同寻常的食物。大个乌红无虫眼的荸荠，擦掉泥土去芽或不去芽，不洗不晒不烘，放在竹匾或竹篮里，吊在屋内或放在阴凉处，由着皮慢慢变皱，色渐渐沉紫，个悄悄缩小。吃时用牙齿或指甲将干透的茎皮一点一点去除，浓缩了的贮藏物让原来的鲜洁脆变成了韧软甜，实在是特殊得很。上学、看电影、游园，口袋里装几个，就有了定心的零食。若是慵懒的春日午后，一杯明前碧螺，两三只风干荸荠，真的就很惬意了，郑逸梅先生的《医林散叶》中亦述：“鲁迅喜啖风干荸荠。风干荸荠精致质密，甜脆细嫩，入口美味久留，令人难以忘怀。”

“荸荠”二字出自北宋《本草衍义》，名称变迁颇多。《本草纲目》释名“乌芋”：“其根如芋而色乌也，凫喜食之，故《尔雅》名凫茈，后遂讹为凫茨，又讹为荸荠。盖切音凫、荸同一字母，音相近也。三棱、地栗，皆形似也。”并描述“凫茈生浅水田中，其苗三四月出土，一茎直上，无枝叶，状如龙须。其根白蒻，秋后结颗，大如山楂、栗子，而脐有聚毛，累累下生入泥底。”这个描述大致上是荸荠无疑，当然其中有些知识点是不对的，比如荸荠不是根，而是地下球茎。类似李时珍的记载，很多文献也传“乌芋”为荸荠。《证类本草》曰乌芋：“一名藉姑，一名水萍，二月生叶如芋。唐本注云：此草一名槎牙，一名茨菰。图经曰：乌芋，今凫茨也。”这个描述根本就不是荸荠，而是慈姑，因此，乌芋、凫茨究竟是什么，还需要更多的溯源。

雁鸭等水鸟为“凫”，水草为“茨”，“凫茨”即水鸟吃的水草，大部分古书认为就是荸荠。《尔雅》曰：“芍，凫茈。”《注》曰：“生下田，苗似龙须而细，根似指头，黑色，可食。”“茈”意“茈草”，《尔雅》为何称荸荠为“凫茈”而不是“凫茨”？不能理解。《注》的描述“根似指头”，完全不是荸荠的形态，或者观察之时球茎尚未成形，当然更不像慈姑。自此，后人对于这两种均生长在水里的植物，形态分得清，荸荠是黑红色带短嘴，慈姑是沉黄色带长喙，但是名字却屡屡混淆，日本人干脆将荸荠叫作“黑慈姑”。两广人称荸荠为马蹄，很多解释荸荠叫马蹄的原因是形状像马蹄，实大谬，两广语言有“matai”，意为“地下的果子”，马蹄当是“matai”的音译。

苏州临顿路上，早年有沈家开的名号“野荸荠”的茶食店，与观前街上的“稻香村”“叶受和”“采芝斋”等齐名且规模更大，以肉饺和酒酿饼著名。创始于清光绪初年1745年的“野荸荠”，苏州这家为总店，浙江南浔有分号，如今南浔店再开，保持了当年原汁原味的样子，而苏州的再无踪影。一种植物，成了一个店名，可见其身价的不俗，意蕴的风雅。